Brodeur · Mikrowellen

Paul Brodeur

Mikrowellen

die verheimlichte Gefahr

AUGUSTUS VERLAG AUGSBURG

Titel des Originals: The zapping of America

Aus dem Amerikanischen übersetzt
von Ingo Waldau, München

Umschlaggestaltung: Klaus Neumann

© 1989 AUGUSTUS VERLAG AUGSBURG
in der Weltbild Verl. Ges. mbH

Druck: Kösel, Kempten

ISBN 3-8043-2587-4

Inhalt

Inhalt

Vorwort
zur deutschen Ausgabe

Das Mikrowellen-Sachbuch von Paul Brodeur, das unter dem provokatorischen Originaltitel „Die Ermordung Amerikas" bei seinem Erscheinen in den USA international Aufsehen erregt hat, kommt bei uns aus aktuellem Anlaß heraus. Im Frühjahr 1979 hat ein schwerer technischer Unfall im amerikanischen Kernkraftwerk Harrisburg die Berechtigung der wachsenden Besorgnisse über eine Umweltgefährdung durch Energieanlagen und aus ihnen austretende Strahlen bestätigt. Radioaktive Strahlung ist aber wahrscheinlich nur *eine* der unsichtbaren Gefahren, die mit modernen Großtechniken verbunden sind und im Interesse der Sicherheit aller Bürger streng kontrolliert werden müssen. Ähnlich, wie es zu Anfang des 20. Jahrhunderts bei den Röntgenstrahlen der Fall war, werden heute hochfrequente Radiowellen als für den Menschen unschädlich angesehen. Erkrankungen bei Radar-Technikern wiesen dagegen schon im 2. Weltkrieg daraufhin, daß die bei Radaranlagen verwendeten Mikrowellen gesundheitsschädigende Wirkungen besitzen. Die sowjetische Arbeitsmedizin kennt Mikrowellenschäden in der Industrie sogar schon seit Anfang der dreißiger Jahre. In verschiedenen osteuropäischen Staaten sind deshalb Schutzbestimmungen und strenge Sicherheitsnormen für den Aufenthalt von Personen im Strahlungsbereich von Mikrowellen erlassen worden – Vorsichtsmaßnahmen, denen die westliche Welt nur zögernd folgt. Denn durch Beschränkungen werden, ähnlich wie in der

7

Kerntechnik, die Interessen wichtiger Industrie- und Wirtschaftszweige sowie der Landesverteidigung berührt. Schließlich basiert auf dem Einsatz gebündelter Mikrowellen ein erheblicher Teil des elektronischen Funk- und Fernmeldewesens, und damit auch der gesamte Fortschritt der Weltraumfahrt.

Daß es deswegen notwendig ist, auch die sogenannten nicht-ionisierenden Strahlungen zu testen, und zwar nicht nur auf Wärmewirkungen, sondern auch auf biologische Auswirkungen, das beweist der Verfasser anhand in spannender Weise zusammengestellter Details über wahrscheinlich kumulativ zustande kommende, schädliche Mikrowellenfolgen bei Menschen, Tieren und Pflanzen. Doch elektromagnetische Strahlungen umgeben uns heute nicht nur an einem bestimmten Arbeitsplatz, sondern nahezu überall. In den Ballungszentren der USA spricht man längst vom „elektronischen Smog" aus künstlich erzeugter Strahlung. Die gesundheitlichen Aspekte solcher Umweltverschmutzung durch Energie werden in diesem Buch auch in Zusammenhang mit *der* Mikrowellenbestrahlung besprochen, der in den sechziger und siebziger Jahren aus nicht ganz geklärten Gründen die Amerikanische Botschaft in der Moskauer Tschaikowskystraße ausgesetzt worden war. Weitere, beispielhafte Vorkommnisse, die im englischsprachigen Text einen breiten Raum einnehmen, sind in die deutsche Ausgabe nur in Auswahl bzw. gekürzt übernommen worden. Sie betreffen durchweg Dienststellen der amerikanische Regierung und der US-Streitkräfte, oder bauen auf Meldungen auf, die über die Nachrichtenmedien der USA verbreitet wurden. Das Weglassen solcher rein inneramerikanischer Diskussionsbeiträge berührt die Aussagen des Autors in keiner Weise, sondern bewirkt eine das Verständnis erleichternde inhaltliche Straffung.

Auch in Europa ist man bemüht, die problematische Entwicklung weiter in den Griff zu bekommen. So wurde unter anderem in der Bundesrepublik Deutschland mit der Bestrahlung von Zellkulturen zur Feststellung des Verhaltens von Organismen unter Mikrowelleneinwirkung über mehrere Generationen begonnen. Bei einem von der Deutschen Forschungsgemeinschaft geförderten Projekt geht es darum, *den* Teil der Mikrowellenstrahlung zu messen, der möglicherweise von den Bestandteilen der Zellen absorbiert wird. Dazu bedarf es großer Erfahrungen mit Mikrowellen sowie extrem genauer Meßmethoden. Die Experimente werden von den entsprechend ausgerüsteten Forschungsstellen Deutschlands durchgeführt — dem Stuttgarter *Max-Planck-Institut für Festkörperforschung* und der *Gesellschaft für Strahlen- und Umweltforschung,* Frankfurt und München-Neuherberg. Erste konkrete Anhaltspunkte für nichtthermische Effekte zeigten sich bei der Bestrahlung von Hefezellen mit Mikrowellen. Nun gilt es, festzustellen, worauf die hier beobachteten biologischen Wirkungen, die anderweitig auch zu Chromosomen-Entartungen und damit zu Schäden an der Erbmasse führen könnten, im einzelnen zurückzuführen sind. Werner Grundler von der Gesellschaft für Strahlen- und Umweltforschung erklärte der Presse nach Beginn der Versuche im Winter 1978: „Es kann sein, daß wir auf die Spitze eines Eisbergs gestoßen sind. Wir sind als Wissenschaftler dazu verpflichtet, die möglichen nicht-thermischen Wirkungen von Mikrowellen rechtzeitig zu erforschen." — So werden wir vielleicht zu Ende des 20. Jahrhunderts endlich auch wissen, ob hochfrequente Radiowellen für den Menschen wirklich relativ harmlos und bei richtigem Einsatz heilsam sind oder in der Hauptsache eine schleichende Gefahr darstellen.

Daß die Diskussion über diese Probleme auch bei uns in Gang kommt, dem will dieses Buch mit seinen Berichten dienen.

Verlag und Übersetzer

9

Nützliche Energiestrahlungen

1. Vom Radio zum Radar

Als im Jahre 1891 im Weißen Haus in Washington die ersten elektrischen Beleuchtungen installiert worden waren, betätigten der damalige Präsident der USA Benjamin Harrison und seine Frau, wie so viele Leute in dieser Zeit, die Lichtschalter nur sehr ungern. Sie hatten Furcht vor elektrischen Schlägen. Freilich war aber stets jemand zur Hand, der das An- und Ausknipsen für sie besorgte. Die Aversion der Präsidentenfamilien gegen die Berührung mit dem elektrischen Strom legte sich erst zwei Amtsperioden später, wahrscheinlich, weil sich nun am Personal genügend erwiesen hatte, daß von den isolierten Bedienungsknöpfen keine nachteiligen Wirkungen ausgehen. Um 1900 schließlich, nach einem Jahrzehnt, in das unter anderem die Entdeckung und wissenschaftliche Erforschung von Röntgenstrahlen, Radiowellen, Radioaktivität und Elektronen fielen, hatte niemand mehr die geringsten Bedenken gegen Thomas Alva Edisons Glühlampen. Inzwischen war Edison (1847–1931) in seiner Stellung als wohl am meisten bewunderter Mann des Jahrhunderts bereits ein Rivale erwachsen: der italienische Ingenieur und Unternehmer Guglielmo Marconi (1874–1937), Erfinder der drahtlosen Telegraphie über große Entfernungen und Pionier des funktelegraphischen Nachrichtenverkehrs zwischen Seeschiffen und Küstenstationen. Nachdem er schon früher Botschaften über den Ärmelkanal gefunkt hatte, konnte er die Serie seiner spektakulären Erfolge im Dezember 1901 mit der Bekanntmachung krönen, daß es gelungen war, den Buchstaben ,s' als Morsezeichen von Poldhu in Cornwall (England) nach der Hauptstadt des ostkanadischen Staates Neufundland, Saint John's, zu übermitteln.

Drahtlose Telegraphie − die Benutzung elektromagnetischer Wellen zu dem Zweck, die bisher nur über Draht gemorsten telegraphischen Signale durch den Raum zu übertragen − war erstmals 1892 von dem britischen Experimentalphysiker Sir William Crookes vorgeschlagen worden. Im Jahre 1894 wurde das Verfahren von seinem Kollegen Sir Oliver Lodge demonstriert, anfangs über eine Distanz von 100 Yard (rund 92 Meter), dann über eine halbe Meile (rund 800 Meter). Und 1895 fand Wilhelm Conrad Röntgen (1845− 1923) am physikalischen Institut der Universität Würzburg die von ihm (und noch heute in aller Welt) als X-Strahlen bezeichneten Röntgenstrahlen − eine Entdeckung, von der oft gesagt wird, daß sie den Anfang der modernen Physik markiere. Die beiden erwähnten bahnbrechenden Leistungen basieren auf dem erstmaligen Gebrauch elektromagnetischer Strahlen, einer „ausstrahlenden Energie" in der Form unsichtbarer Wellen, die sich durch den leeren Raum und Materie hindurchbewegen. Vorausgesagt hatte die Existenz eines solchen Phänomens schon im Jahre 1864 der geniale James Clerk Maxwell (1831−1879), Direktor des Cavendish-Laboratoriums an der Universität Cambridge. Er hatte geschlossen, daß aus einem Zusammenwirken von elektrischen und magnetischen Feldern elektromagnetische Strahlung entstehen müßte, und daß man eine derartige Strahlung mittels bewegter elektrischer Ladungen so erzeugen könne, daß sie sich in der gleichen Art wie der Wellengang des Wassers fortpflanzt. Er kam auch bereits zu dem richtigen Schluß, diese Wellen müßten sich mit Lichtgeschwindigkeit (300 000 Kilometer je Sekunde) ausbreiten. Das sichtbare Licht sei deshalb eine optisch wahrnehmbare Form von elektromagnetischer Strahlung, die sich von den anderen Formen nur durch die Wellenlänge unterscheidet, d. h. durch den Abstand zwischen

gleich hohen Punkten zweier aufeinanderfolgender Wellen-
züge, sowie in der Frequenz ihrer Schwingung, ausgedrückt
durch die Zahl der Wellen, die einen gegebenen Punkt in der
Sekunde durchlaufen.

Die wissenschaftliche Welt akzeptierte Maxwells weit vor-
ausschauende Annahmen allerdings erst, als im Jahre 1888
der deutsche Physiker Heinrich Rudolph Hertz (1857—1894)
tatsächlich elektromagnetische Wellen erzeugen konnte, wodurch er zum Urheber der künstlichen elektromagnetischen
Strahlung wurde. Bei seinen Versuchen schickte Hertz eine
kräftige elektrische Ladung durch eine Funkenstrecke; dabei
entstand — Beweis für das Vorhandensein eines elektrischen
Feldes — ein kleinerer Funken, der zu einer zweiten, in der
Nähe aufgebauten Funkenstrecke übersprang. Die Experimente von Heinrich Hertz bewiesen nicht nur die Richtigkeit der Maxwell'schen Theorie, sondern inspirierten eine
große Zahl von Ingenieuren und Erfindern, allen voran
Marconi, verbesserte technische Vorrichtungen für das Senden und Empfangen elektromagnetischer Strahlen im Frequenzbereich der Radiowellen zu schaffen, um sie für die
drahtlose Nachrichtenübermittlung einsetzen zu können.
Ein weiterer hervorragender Pionier der drahtlosen Telegraphie war übrigens auch der Deutsche Ferdinand Braun,
der 1909 zusammen mit Marconi den Nobelpreis für Physik
erhielt. In dieser Anfangszeit der Entwicklung übertraf der
Einfallsreichtum der Erfinder und Techniker sehr oft den der
theoretischen Wissenschaftler; letztere waren meist gezwungen, die Fülle der praktischen Ergebnisse möglichst schnell für
ihre Forschungen aufzugreifen und physikalisch zu erklären.
Radioempfang über sehr große Entfernungen wurde von der
etablierten Wissenschaft für ganz unmöglich gehalten, weil die
elektromagnetischen Wellen nur in gerader Linie ausstrahlen,
der Krümmung der Erdoberfläche also nicht weit folgen
könnten. Marconis erstaunliche Demonstration von 1901, die
Übertragung eines Signals über den Atlantik hinweg, schrie geradezu nach einer Erklärung. Sie folgte bereits im Jahr darauf:
Der englische Mathematiker Oliver Heaviside (1850—1925)
und der Amerikaner Arthur Edwin Kennelly, Elektroingenieur

an der Harvard-Universität, erkannten unabhängig voneinander die Existenz der „Ionosphäre", Schichten von elektrisch geladenen Teilchen und Elektronen in der oberen Atmosphäre, zwischen 50 und 500 km über der Erde, die Radiowellen eines bestimmten Frequenzbereichs im gleichen Winkel, in dem sie in der Höhe ankommen, zur Erde reflektieren. Das ermöglicht die Ausbreitung von Kilometer- und Meterwellen weit über die reine Horizont-Sichtweite hinaus.

Schon 1907 rückte die drahtlose Übertragung von Sprache und Musik in den Bereich des Möglichen, und zwar dank der Forschungen des amerikanischen Erfinders Lee De Forest. Er konstruierte einen Radiowellen-Detektor, der sich als weit empfindlicher erwies als die bis dahin gebräuchlichen Schwingquarzkristalle. Die allmähliche Verfeinerung dieser Erfindung führte zum Generator für elektromagnetische Wellen, außerdem zum brauchbaren Lautverstärker. Vom Jahre 1915 an wurde, nach weiteren Verbesserungen von De Forests Erfindung, die Radiotelephonie Wirklichkeit. Damit war unser „elektronisches Zeitalter" angebrochen. Im April 1915 wurden erstmals gesprochene Worte per Funk übertragen, und zwar von Long Island (New York) aus über fast 345 km Entfernung nach Wilmington (Delaware), wo eine Empfangsantenne auf der Spitze des DuPont-Hochhauses aufgebaut war. Vier Wochen darauf gelang schon die Überbrückung von 1 300 Kilometern, und im Sommer des gleichen Jahres strahlte ein Sender in Arlington (Virginia) eine Rundfunkansprache aus, die ungeachtet schwerer atmosphärischer Störungen sogar in Kalifornien, Panama, Paris und im fernen Honolulu gehört und verstanden wurde — also über eine größte Distanz von 7 950 km. Anfang der 20er Jahre startete dann der kommerzielle Rundfunk. Die erste Radiostation war „KDKA" in Pittsburgh (Pennsylvania); sie nahm ihre regelmäßige Sendearbeit im November 1920 auf. Die Neuigkeit faszinierte die Menschen wie selten jemals eine technische Erfindung zuvor. Tausende begannen, sich zu Hause eigene Empfänger zu basteln. In diesen Jahren kam der Ausdruck „drahtlose Telegraphie" außer Gebrauch. Fortan hieß das neue Medium *Radio*.

Zehn bis fünfzehn Jahre lang waren auch nach der ersten gelungenen Überseeübertragung einer Sprechsendung die elektrischen Aufladungen in der Atmosphäre ein großes Hindernis für die Weiterentwicklung der Radiotechnik. Zuerst dachte man daran, irgendeine Methode zur Verringerung der wetter- und sonnenscheinbedingten Aufladungen zu suchen; dann wollte man die Sendestärke so stark erhöhen, daß das Radiosignal alle Störungsgeräusche übertönt – ein natürlich viel zu kostspieliges Unterfangen. Von Beginn des 20. Jahrhunderts an wurde übrigens vorausgesetzt, daß sehr langwellige Radiowellen mit niedriger Frequenz, die sich über einige Kilometer erstrecken und in der Sekunde nur 30 000 bis 40 000 Schwingungen ausführen, für Sendungen über größere Entfernungen am besten geeignet sind. Dagegen galten die kürzeren Wellen mit höherer Frequenz, vor allem die Mittelwellen um 600 m und 500 000 Schwingungen je Sekunde, als beste Träger für Sendungen über kürzere Strecken; denn die Verbreitungsweite der Radiowellen sinke bekanntlich mit steigender Frequenz rapide ab. Und trotz der offensichtlichen Tatsache, daß die kürzeren Wellen ausgiebig und erfolgreich beim Schiffsfunk auch große Entfernungen bewältigten, hielt sich diese These noch lange. Ein Ergebnis dieser Einschätzung war, daß die Fachleute der Bell-Telephongesellschaft für ihr geplantes Transatlantik-Radiotelephonsystem den Einsatz der Langwellenfrequenz von 60 000 Perioden vorsahen. Als sich aber herausstellte, daß die Ionosphäre nicht nur aus etlichen Schichten besteht, sondern daß diese Schichten ihre Höhe und Lage zwischen Tag und Nacht ebenso stark verändern wie im Verlauf der Jahreszeiten und im Zusammenhang mit dem elfjährigen Sonnenflecken-Zyklus, wurden die Aussichten für die Langwellen-Radiotelephonie immer ungünstiger. Als Bell 1927 einen öffentlichen Telephondienst von den USA nach London einrichtete, wurde überraschend klar, daß eine brauchbare Verständigung nur während der sonnenarmen Wintermonate zu erzielen war.

In der Hoffnung, ihr System noch zu retten, planten nun die Vertreter des Langwellenfunks den Bau von zwölf gigantischen Antennenmasten, die im US-Staat Maine auf einem

Gebiet von 130 km² Fläche verteilt werden sollten. Das Projekt fiel jedoch dem Börsenzusammenbruch von 1929 zum Opfer. Mittlerweile hatte Marconi, noch ganz der alte Pionier, neue Richtantennen für den Kurzwellenfunk entwickelt, die geringe Energiemengen in schmale Richtfunkstrahlen bündeln konnten. Zusammen mit den Radioamateuren, die von der Regierung eine Lizenz zum Senden auf einem der Kurzwellenbänder erhalten hatten, die bekanntlich zum Weitfunkverkehr ungeeignet sein sollten, demonstrierte Marconi der Welt, daß Frequenzen von mehr als 1 1/2 Millionen Schwingungen je Sekunde bei der Radioübertragung nach Übersee viel wirkungsvoller waren als die 60 000-Perioden-Frequenz von Bell. Schließlich hatten die Amateure schon 1921 bemerkt, daß sie mit manchen ihrer Geräte aktuelle Nachrichten drahtlos über den Atlantik schicken konnten. Die Fachwelt hatte jedoch entsprechende Pressemeldungen ignoriert.

Im Jahre 1925 war Marconi in der Lage, von Cornwall in Großbritannien Kurzwellensignale bis zur Karibik-Insel St. Vincent zu senden — Entfernung 3 700 km, Frequenz der Trägerwelle 3 Millionen Schwingungen in der Sekunde = 3 Megahertz (MHz); und 1927 errichtete die Marconi-Gesellschaft Kurzwellen-Telegraphenverbindungen zwischen England, Kanada, Australien, Indien und Südafrika. Außerdem ermöglichte ein Kurzwellen-Telephon an Bord des britischen Passagierschiffes *Carinthia* die erste Sprechverbindung von der Mitte des Pazifischen Ozeans aus nach London. Es überrascht nicht, daß nun auch die hartnäckigen Verfechter der Langwelle kapitulierten und die Kontroverse um längere oder kürzere Funkwellen endgültig zum Abschluß kam. Ab 1930 lief der Übersee-Radiotelephondienst der Bell-Gesellschaft über drei Kurzwellenkanäle. Das stellt den entscheidenden Wendepunkt in der Geschichte der Telekommunikation dar; denn von nun an gab es den Trend zur Konstruktion von Einrichtungen zur Erzeugung immer höherer Frequenzen und damit immer kürzerer Radiowellen, deren Trägerkapazität für Nachrichten immer größer wurde.

Eine Weile stand die Grenze der Radiofrequenzen bei rund 30 Millionen Schwingungen je Sekunde oder 30 MHz,

entsprechend einer Kurzwelle von 10 m Wellenlänge. Dann
richteten im Jahre 1933 französische und englische Ingenieure eine neue drahtlose Nachrichtenverbindung über den
Ärmelkanal ein, die erstmals mit Dezimeterwellen (etwas
über 17 cm Wellenlänge) betrieben wurde. Die Frequenz von
1 750 Megahertz (= *1,75 Gigahertz*) erschien damals als geradezu unglaublich hoch. Das System hieß übrigens „Microray
Wireless" (Mikrostrahl-Radio), eine Bezeichnung, die als
prophetisch angesehen werden kann. Denn innerhalb weniger
Jahre wurden all die Wellen mit Super- und Ultrafrequenzen
und Wellenlängen bis hinab zu einigen Millimetern, die im
elektromagnetischen Spektrum dicht an die Infrarotstrahlung
anschließen, zusammenfassend als *Mikrowellen* bekannt (vgl.
Schema auf Seite 37).

Mikrowellen werden von der Ionosphäre nicht reflektiert,
größtenteils jedoch von Hindernissen wie z. B. Regentropfen
sowie von elektrisch leitenden Stoffen, vor allem von den
meisten Metallen. Seitdem dies erkannt worden ist, werden
Mikrowellen mit Hilfe von Antennen entsprechender Form
oft zu intensiven, dichten und äußerst richtungsgenauen
Strahlen gebündelt, die dann in herkömmlicher Weise von
Trägerwellen weitergeleitet werden. Speziell geeignet ist diese
Technik zur Anwendung beim Radar*. Ein Radargerät sen-
det gerichtete Mikrowellenstrahlen mit ständigen, gleichlan-
gen Unterbrechungen aus, also in Form einer Folge sehr
kurzer Impulse. Treffen die Strahlen auf ein Ziel, empfängt
das Radargerät in den Impuls-Pausen die vom Zielobjekt
reflektierten Mikrowellen und mißt auf der Basis des Zeit-
unterschiedes, der zwischen Impulsaussendung und -rückkehr
besteht, die Zielentfernung. Wie alle elektromagnetischen
Strahlungen pflanzen sich auch die Wellen der Impulse mit
Lichtgeschwindigkeit fort.

---

*Radar = Abkürzung für *Ra*dio *d*etection *a*nd *r*anging, d. h. Erkennung, Ortung
und Messung der Entfernung von Objekten mittels Funkstrahl. (Ehemalige
deutsche Bezeichnung: Funkmeßtechnik.)

Während der „Schlacht um England" im 2. Weltkrieg war das britische Boden-Radarsystem, das zunächst Mikrowellen von 50 cm Länge benutzte, in der Lage, anfliegende deutsche Bombenflugzeuge und Flugkörper frühzeitig zu erkennen, und mit großer Genauigkeit festzustellen, wie weit sie noch entfernt waren. Nebenher führte das gleiche Radarsystem im Jahre 1942 noch zu einer bedeutenden wissenschaftlichen Entdeckung: die Geräte zeigten mitunter Interferenzen intensiver Art an, die anfangs irrtümlich auf die Einwirkung von feindlichen Störsendern zurückgeführt wurden; die weitere Untersuchung ergab jedoch, daß es sich um Radiostrahlung handelte, die von der Sonne ausgeht.

Bei Radareinrichtungen, die klein und leicht genug waren, um in Flugzeugen und auf Kriegsschiffen Platz zu finden, ergab sich sehr bald die Notwendigkeit, Mikrowellen von noch viel höherer Frequenz einzusetzen. Durch die von englischen Forschern und Technikern erfundene Impuls-Magnetfeldröhre wurde es möglich, ein solches verbessertes Radarsystem sehr rasch zur Verfügung zu stellen. Die Frequenz betrug 3 000 Megahertz bzw. 3 Gigahertz, und die Wellenlänge lag bereits unter 10 cm. Dieser Mikrowellenbereich wurde allgemein als „S-Band" bekannt. Mit den damit arbeitenden Radargeräten konnten die angloamerikanischen Kampfflugzeuge ihre Ziele in Deutschland auch bei Bewölkung, Nebel und Dunkelheit erkennen und auf dem Meer die deutschen U-Boote auffinden. Das Schiffsradar diente zur Entdeckung von Flugzeugen wie zur Geschützfeuer-Kontrolle, ermöglichte den Nachtkampf zur See und verhalf der amerikanischen Flotte im Pazifik zur entscheidenden Überlegenheit über die Streitkräfte der Japaner.

Im weiteren Kriegsverlauf verlangte das Militär Radargeräte mit immer größerer Genauigkeit und besserem Erkennungsvermögen, und so ging die Entwicklung in Richtung Höchstfrequenz ständig weiter. Auf das „S-Band-Radar" folgten X-Band und K-Band, und als der Krieg zu Ende ging, befand sich schon ein „K 2-Band-Radar" kurz vor der Serienfertigung, das 1-cm-Wellen (Frequenz rund 48 GHz = 48 000 MHz) benutzen sollte. Um dieselbe Zeit brachte die Bell-Telephongesellschaft für die amerikanische Armee ein sehr wirkungsvolles Mikrowellen-Radioverstärker-Telephonsystem heraus, und als ein Ergebnis dieser Entwicklung wurde die Fernübertragung von Telephongesprächen über Kabel nach und nach verdrängt. Eines der ersten Richtfunk-Telephonsysteme mit Fernsprech-Relaistürmen in theoretischer Sichthöhe wurde im November 1947 zwischen New York und Boston eröffnet, im selben Jahr, in dem auch das Fernsehen in den USA überall seinen Einzug hielt. Fernsehsendungen werden über Ultrakurzwellen (VHF) ausgestrahlt, die größtenteils zum Mikrowellenbereich des elektromagnetischen Strahlenspektrums gehören. Bereits 1951 gab es dann ein Richtfunk-Telephonnetz von Amerikas Ostküste bis zum Pazifik. Es bestand aus einer Übertragungskette mit 107 Einzelstrecken zu je etwa 50 km Länge. Die Relaisstationen wurden auf Hochhäusern und Berggipfeln errichtet und in den großen Ebenen auf Türmen von durchschnittlich 65 m Höhe. Im Jahre 1960 war mehr als ein Drittel der Telefon-Weitgesprächsanlagen der Bell-Gesellschaft in den USA für den Relaisbetrieb mit Mikrowellen vorbereitet. – Die ganze Entwicklung setzte mit etwa siebenjähriger Verzögerung auch in Westeuropa ein.

Das Anwachsen der Zahl von Quellen aller Art, die Mikrowellen (und andere Radiowellen) in den Raum schicken, ist seitdem nicht mehr aufzuhalten. In den 30 Jahren von 1946 bis 1976 wuchs in den USA die Zahl der Sendeeinrichtungen von 50 000 auf 7 Millionen an, nicht mitgezählt die sendetechnischen Anlagen der Streitkräfte.

Der wohl allererste Relaisturm für den zivilen Funktelephonverkehr wurde 1945/46 auf dem Berg Asnebumskit bei Worcester (Massachusetts) errichtet. Heute gibt es über das ganze Land verteilt 250 000 solcher Fernmeldetürme, und jeder davon ist bestückt mit Generatoren und Antennen zur Verbreitung von Mikrowellen. Mikrowellen-Relaistürme dienen auch als Verbindungsstellen für die Notrufsäulen an den Autobahnen. Banken und Industrieunternehmen betreiben inzwischen tausende von privaten Mikrowellenverbindungen, die z. B. per Funk Computerdaten zu den fernen Computern von Filialen oder Rechenzentren übertragen. Explosionsartig war aber seit 1945 vor allem die Entwicklung beim Rundfunk: aus bei Kriegsende 6 Fernsehstationen in den USA wurden inzwischen 1 000, aus 930 Radiosendern über 8 000. Dabei sind die hochfrequenten Ultrakurzwellen (VHF) und superhochfrequenten UHF-Wellen, also Trägerfrequenzen im Mikrowellenbereich, gegenüber längeren Radiowellen weitaus in der Überzahl. Nicht zu vergessen sind die Sender und Empfänger in den Wohnungen, Büros und Fahrzeugen der Amerikaner – darunter 15 Millionen Funksprechgeräte und 125 Millionen Fernsehapparate, Datensichtgeräte in täglich wachsender Zahl, Polizei- und Taxifunk, drahtlose Abhörgeräte für Simultanübersetzungen und kleine Rufgeräte, die man in die Tasche steckt.

Zu der kolossalen Vermehrung der gängigen technischen Einrichtungen des elektronischen Zeitalters trat in den 60er Jahren der Bau von mächtigen Mikrowellensendern, die nun zu Hunderten als Bodenstationen für die Funkverbindung mit den Weltraum-Flugkörpern gebraucht wurden. Wellen mit Frequenzen von vielen Milliarden Schwingungen in der Sekunde (Gigahertz-Bereich), die alle Schichten der Ionosphäre durchdringen, steuern Satelliten, Raumsonden und Mondfahrzeuge oder liefern Bilder und Meßdaten von fernen Gestirnen zur Erde. Über die in einer Erdumlaufbahn stationierten Nachrichtensatelliten und große Spezial-Empfangsantennen in allen Erdteilen ermöglichen diese Wellen die weltweite Direktübertragung von Fernseh- und Hörfunk, Telefongesprächen, Fernschreiben und Funkbildern. Kleinere Nachrichtensatelliten halten mittels Mikrowellen die Verbindung zu Schiffen auf hoher See und Ölbohrinseln im Meer aufrecht. Handelsschiffe und Jachten, See- und Flughäfen kommen ohne Radar-Navigation nicht mehr aus. Die Radarfall der Verkehrspolizei, die Einbruchssicherungs-Alarmanlage einer Bank, das automatische Garagentor sowie die Kontrollkameras, die in Kaufhäusern Ladendiebe überführen sollen – alle operieren mit Mikrowellen.

Kein einzelner Mensch kennt das wahre Ausmaß der zusätzlichen Verbreitung von Mikrowellen durch die geheimgehaltenen militärischen Sendeanlagen auf dem Lande, zu

Fernmelde- und Richtfunksendeturm auf dem Pfänder bei Bregenz (Österreich).
Plattform mit verschiedenen Parabol- und Hornantennen.

Deutsche Satelliten-Erdfunkstelle in Raisting bei Weilheim (Oberbayern). Die
älteste Anlage im Vordergrund steht unter einem Radom in Form einer kugelförmigen Tragluft-Schutzhalle. Die Erweiterung der Station um zwei auf fünf Antennen ist in Vorbereitung.

Wasser und in der Luft. In einer Zeit der elektronischen Kriegführung muß es einfach riesenhaft sein. Denn

* ganze Schwärme von Beobachtungs- und Wettersatelliten überfliegen fast jedes Gebiet der Erde, und die Mikrowellenbündel ihrer Multispectral-Kameras (Scanner) treffen auf die Landschaft;

* mächtige Funkfeuer und unablässig sich drehende Abtast-Radars sind rund um die Arktis und an vielen strategisch wichtigen Punkten der Erde postiert (oder befinden sich auf dem Rumpf von Aufklärungsflugzeugen ständig in der Luft), um für Luftraumkontrolle, Frühwarnung und Zielverfolgung zu sorgen;

* elektronische Lenksysteme für eine unübersehbar große Armada von Raketenwaffen mit Atom-Sprengköpfen sowie Flugkörpern zur Raketenabwehr umspannen den Globus;

* Radar-Sichtgeräte und Radar-Störsender machen fast jedes Kriegsschiff und tausende von Flugzeugen zu Zentren von Mikrowellenstrahlung.

Das elektronische Arsenal reicht hinunter bis zu winzigen Zielvorrichtungen für Panzerkanonen und bis zum tragbaren Strahlenmeßgerät. Gerade hinsichtlich der mit elektromagnetischen Wellen arbeitenden Kleingeräte, die rasch überall installiert und leicht transportiert werden können, wenn es ein Befehl so verlangt, haben moderne Armeen einen nahezu unersättlichen Magen. Viel höher sind aber die Strahlenmengen einzustufen, die bei den Mikrowellen-Lauschaktionen der Sicherheitsdienste verwendet werden, um fremde Nachrichten abzufangen, Gespräche in Häusern mitzuhören oder umgekehrt bei wichtigen Besprechungen fremde Mikrowellenhorchversuche abzuwehren. Seit dem Übergang zur Mikrowellenübertragung ist das Mithören und Entschlüsseln von Funkbotschaften sehr viel einfacher möglich als früher, da über Draht gesendet wurde. Das erwies sich als sehr unangenehm, weil die Russen einige Jahre lang in den USA die Fern-Telephonate mithören konnten − mit Hilfe von Mikrowellen-

Antennen, die sie auf den Dächern der sowjetischen Botschaft in Washington und der russischen Konsulatsgebäude in etlichen weiteren amerikanischen Städten aufgestellt haben. — Nicht weniger heimlich lief im Auftrag des US-Verteidigungsministeriums das Projekt EMP (*Electromagnetic pulse*) an, das mit Wellen einer speziellen Art die gleichen gewaltigen Energiestrahlungsstöße erzeugen soll, wie sie bei einer nuklearen Explosion auftreten. Versuche mit EMP könnten die elektronischen Systeme und Computer der Kriegsflotte, des strategischen Bomberkommandos sowie der abertausend ballistischen „Minuteman"-Interkontinentalraketen der Luftwaffe, die im Westen und Mittleren Westen der USA in unterirdischen Silos bereitstehen, empfindlich stören. Am allermeisten geheimgehalten werden alle Rüstungsprogramme, welche die Schaffung unsichtbarer Waffen aus gerichteten Energiestrahlungen zum Ziel haben. In Frage kommen für diese Entwicklungen hochfrequente Mikrowellen, Laserstrahlen und Strahlungen mit ionisierten Teilchen. Die Strahlenwaffe soll vor allem feindliche Lenkwaffen durch Zerstörung des elektronischen Leitsystems oder Unschädlichmachen ihrer Atomsprengköpfe außer Gefecht setzen. Die Entwicklungsarbeiten für solche exotisch anmutenden Kampfmittel verschlingen in den USA allein im Haushaltsjahr 1979/80 wieder Forschungsgelder in Höhe einer halben Milliarde Dollar.

Therapeutische Anwendung finden Mikrowellen aufgrund der alten Erkenntnis, daß menschliche und tierische Körperzellen durch die Strahlung erhitzt werden, da sie wie alle Substanzen die Radiowellen absorbieren. In der Tat haben Ärzte schon seit fast einem Jahrhundert Patienten mit langwelligen Diathermiestrahlen behandelt. Kurzwellen-Bestrahlungsgeräte werden seit rund 50 Jahren verwendet. Mikrowellen-Bestrahlungsgeräte gab es in den USA um 1972 etwa 15 000. Inzwischen ist ihre Zahl gewaltig angestiegen, denn schätzungsweise zwei Millionen Amerikaner lassen sich jährlich von Nichtärzten mit Mikrowellen bestrahlen, und zwar wegen solcher Leiden wie Arthritis, Schleimbeutelentzündung, Muskelschmerz, Verstauchungen und Stirnhöhlenvereiterung.

23

Und erstmalig im Jahre 1926 wurden Strahlen mit Radiofrequenz von Chirurgen dazu benutzt, Schnitte im empfindlichen Gewebe auszuführen – z. B. Gehirn, Leber, Prostata –, wobei zugleich schädliche Wucherungen weggebrannt und die Blutungen unter Kontrolle gehalten werden können.

Die Tatsache, daß Mikrowellen Zellengewebe erwärmen, ermöglichte erst das heute so große Geschäft der Mikrowellen-Herd-Industrie; all die Grill-, Koch- und Trockengeräte, die mit elektromagnetischen Wellen heizen, gehen auf ein Patent zurück, das im Jahre 1945 der Firma *Raytheon Company* in Waltham (Massachusetts) für den mit physikalischen Berechnungen belegten Vorschlag erteilt wurde, künftig Mikrowellen zum Essenkochen zu verwenden. Heute finden sich Mikrowellengeräte dieser Art in Millionen von Haushalten, Restaurants und Betrieben, und jährlich werden allein in den USA eine runde Million weitere verkauft. In der Nahrungsmittelindustrie dienen Mikrowellen zum Trocknen von Kartoffelprodukten, Rösten von Kaffee- und Sojabohnen, Backen von Pfannkuchen, Auslassen von Speck und Vergüten bestimmter Fleischsorten. Sie erleichtern z. B. auch das Öffnen von Austernschalen. Viele andere Industriezweige benutzen Mikrowellenöfen, z. B. in Form von Trocknungstunnels, um damit Garne, Anstriche oder keramische Erzeugnisse zu trocknen, desgleichen Papier, Leder, Holz, Tabak, Zellulose, Fasern, Textilerzeugnisse, Zündholzkuppen, Bleistifte und frisch gebundene Bücher in der Presse. Mit Mikrowellen werden ferner Kunststoffe geschweißt, Metalle gehärtet und verlötet sowie Chemikalien vulkanisiert bzw. ausgehärtet: Gummi, Harze, Kunstseide (Reyon), Nylon, Kleb- und Schaumstoffe aus Polyurethan. Neuerdings wird auch in der Landwirtschaft die Wirkung von Mikrowellen getestet. Hier sollen sie durch Direktbestrahlung des Ackerbodens Unkraut und Unkrautsamen sowie schädliche Erdinsekten vernichten.

Während die derzeitige Nutzung der Mikrowellen also schon verwirrend verschiedenartig und umfangreich zu sein scheint, erscheinen die Möglichkeiten für ihre zukünftige Anwendung geradezu grenzenlos. Die Nachrichtentechniker arbeiten bereits an Satelliten, die in den 80er Jahren mehr als

Antennenturm des Senders Hohenpeißenberg (Oberbayern).

Mikrowellen-Parabolantennen für den Betrieb firmeneigener Sendeanlagen sind auf den Dächern amerikanischer Geschäftshäuser häufig anzutreffen. Hier drei Anlagen nebeneinander im Zentrum von San Francisco.

25

70 000 Telefon-Weitgespräche auf einmal übertragen werden; das entspricht fast der Übertragungskapazität der Richtfunkstationen und der modernsten Fernkabel am Boden. In nicht allzu ferner Zeit wird man mit Mikrowellen von Rundfunk-Satelliten aus einige hundert Programme zur Erde senden, direkt aus dem Weltraum zu den Parabolantennen auf den Hausdächern. Dadurch wird der Empfang einer weltumspannenden Auswahl von Fernsehsendern jedermann möglich werden.

Die Entwicklung von billigen und dauerhaften Miniatur-Sendevorrichtungen für Mikrowellen wird sich bald in Dutzenden von neuen Produkten niederschlagen, ähnlich dem praktischen, in Deutschland leider noch nicht zugelassenen Taschentelephon. – In der Medizin nehmen die Versuche zu, Mikrowellen noch stärker auch als Hilfsmittel für den Arzt heranzuziehen: für die Diagnostik, zur Bluterwärmung, zum Verlangsamen des Wachstums von Tumoren, zum Heilen von Wundnarben, zur Beeinflussung von Gehirnfunktionen, zur Atmungsüberwachung und zum Auftauen der für verschiedene Zwecke bereitgestellten tiefgekühlten tierischen Organe.

Ein in Erprobung befindliches neues System zum Aufspüren des jeweiligen Standorts von Güterwagen, Kabinentaxis und Geschäftsautos wird es mit sich bringen, daß jedes dieser Fahrzeuge einen Sender tragen muß, der z. B. kontinuierlich Mikrowellensignale zu Empfängern am Rande der Fernstraßen schickt, die wiederum alle von der Straße kommenden Signale zu einem computergesteuerten Aufsichtszentrum weitersenden. Auch an elektronische Kraftfahrzeugkennzeichen ist gedacht, die selbsttätig noch Signale aussenden, wenn ein Auto in einer entlegenen Gegend wegen Treibstoffmangel liegengeblieben oder verunglückt ist, und natürlich auch, wenn es gestohlen wurde. Ein weiteres Anwendungsgebiet im Kraftverkehr wäre ein Radar-Fernbremssystem. Es soll Auffahrunfällen und Zusammenstößen vorbauen. Dabei würden von jedem Automobil Mikrowellen nach vorn ausgestrahlt, und deren Reflexion an anderen Fahrzeugen löst beiderseits die Bremsen aus, falls ein Zusammenprall droht. Die Gefahr wird in Sekundenbruchteilen aus

Richtung, Entfernung und Geschwindigkeit der betroffenen
Wagen rechnerisch erkannt.

Ernsthaft erwogen wurde auch — besonders in Europa —
ein Plan, der die Verwendung von Mikrowellenöfen zur Ver-
festigung flüssiger radioaktiver Abfälle vorsieht, damit diese
leichter und sicherer zu beseitigen bzw. zu deponieren sind.
Und die vielleicht grandioseste aller bislang in Betracht gezogenen Anwendungen für Mikrowellen ist die Sonnenener-
gieübertragung von einem kilometerbreiten Erdsatelliten, der
mit ganzen Feldern von extraterrestrischen Solarzellen aus-
gestattet ist, an eine Großstation auf der Erde. Die gesammelte
Energie würde dabei erst in Mikrowellen umgesetzt, die dann
aus einer Höhe von 36 000 km über eine 1 000 m² große
Rundantenne zu einer ausgedehnten Empfangsantenne herab-
strahlen, worauf die Umsetzung in elektrischen Strom erfolgen kann. Wenn die Solarzellen-Flächen z. B. 32 km² groß
sind, könnten sie rund 10 000 Megawatt an Elektrizität liefern (was zur Stromversorgung einer Zehnmillionen-Stadt
ausreichen würde), und zwar unabhängig vom Wetter. Diese
Satellite Solar Power Station (SSPS) würde über 30 Tonnen
an Material benötigen, das großenteils von Raumtransportern
befördert und im Weltraum zusammengebaut werden müßte.
Erstmals im Zusammenhang mit diesem Projekt wurden der
breiteren Öffentlichkeit die Bedenken bekannt, die inzwischen gegen den Einsatz starker Mikrowellensender bestehen,
weil eine bisher unbemerkte Schadwirkung befürchtet werden
muß (vgl. Bild auf Seite 100).

So abwegig manche dieser Vorhaben erscheinen mögen —
eine ganze Menge davon wurde schon vor vielen Jahrzehnten
ausgedacht, und zwar von Nikola Tesla (1856—1943), einem
hochbegabten, etwas exzentrischen Elektroingenieur, der in
Kroatien geboren und 1884 nach den USA ausgewandert war.
Zu seiner Zeit galt er vielfach als Phantast; heute würde man
ihn sicher zur Gilde der Zukunftsforscher rechnen. Tesla er-
fand unter anderem den Transformator zur Erzeugung hoher
Wechselstromspannungen und den Induktionsmotor, der sein
Wechselstromsystem für den Antrieb von Maschinen anwend-
bar machte. 1893 sagte Tesla bereits das Kommen des Rund-

funks voraus, den er als „Übertragung verständlicher Signale ohne die Benutzung von Leitungsdrähten" beschrieb. Im selben Jahr lieferte sein Wechselstromsystem die gesamte Elektroenergie für die von Glühlampen hell beleuchtete Weltausstellung in Chicago. Tesla führte dort selbst seine neuesten Erfindungen vor und verblüffte durch die Demonstration, daß er hochfrequenten Wechselstrom von 1 Million Volt Spannung durch seinen Körper leitete, ohne dadurch Schaden zu nehmen. Bereits 1895 wurden die Wasserkräfte der Niagarafälle mit Wechselstromanlagen der Energiegewinnung nutzbar gemacht – ein bedeutender Fortschritt in der Geschichte der Technik.

Zwischen 1897 und 1905 arbeitete Tesla bereits an Verfahren zur drahtlosen Energieübertragung. Im Jahre 1899, als er in Colorado Springs wohnte, gelang ihm der Versuch, 200 Glühlampen drahtlos aus rund 26 Meilen (42 Kilometer) Entfernung mit Strom zu versorgen, der durch die Erde geleitet wurde. Ebenfalls in Colorado bewies er, daß er mit einem gigantischen Schwingungserzeuger 30 Meter lange Blitze hervorbringen konnte.

Auf der ersten Elektro-Jahresschau in Madison Square Garden 1898 in New York zeigte Tesla die erste Funk-Fernsteuerung für Schiffsmodelle; im zur Jahrhundertwende erschienenen *Century Magazine* sagte er in einem Artikel voraus, daß Radiowellen eines Tages in der Lage sein würden, bewegte Objekte zu entdecken, z. B. Schiffe auf See. 1915 schrieb er über die Möglichkeit der Fernsteuerung von Geschossen – ähnlich den deutschen V 1- und V 2-Raketen des 2. Weltkriegs –, und 1934 kündigte er bei einem Empfang zu seinem 78. Geburtstag die „in der Luft liegende" Erfindung von Todesstrahlen an, die z. B. feindliche Flugzeuge über Entfernungen bis zu 250 Meilen (400 km) hinweg zum Absturz bringen könnten. Diese Idee erscheint uns heute als unheimlicher Vorläufer der militärischen Projekte, die elektromagnetische Strahlen als Antiraketenwaffe benutzen, um durch entsprechende Beeinflussung ihrer elektronischen Schaltkreise die gegnerischen Lenkflugkörper zu einer Kehrtwendung zu bringen oder die Sprengköpfe schon beim Anflug zu entschärfen.

Teslas Prophezeiungen kann man ebenso auf die Tatsache beziehen, daß heute Amerikaner wie Sowjets Jagd- oder Killer-Satelliten bauen, die in der Lage sind, jeweils die Erkundungs- und Beobachtungssatelliten der anderen Seite ausfindig zu machen und mittels Laserstrahlen auszuschalten.

Auch wenn man von besonders hochfliegenden früheren und zukünftigen Plänen absieht, nimmt es nicht Wunder, daß Mikro- und andere Radiowellen als Ergebnis ihrer reichen Anwendung schon sehr, sehr weit über die Umwelt verstreut sind. Wie weit genau die Verteilung reicht, ist nicht bekannt. Jedenfalls ist die Anhäufung der Mikrowellen-Übertragungskanäle bereits in einer ganzen Anzahl von Großstädten zu einem echten Problem geworden. In einigen Stadtregionen ist der ständige Strahlenhintergrund, der von Mikrowellen und anderen künstlichen Strahlungen herrührt, schätzungsweise hundert bis zweihundert Millionen mal so groß wie der natürliche Hintergrund an elektromagnetischen Wellen, der von der Sonne stammt. Viele Umweltschützer weisen darauf hin, daß die großen Städte der Industrieländer von Mikrowellen geradezu durchtränkt sind; sie nennen das „elektronischer Smog".

Auch die US-Regierung hat — wohl unter dem Eindruck des im 4. Kapitel geschilderten Mikrowellen-Symposiums in Richmond — ihrer Sorge über die Entwicklung im Dezember 1969 durch die Einsetzung eines neunköpfigen Beratungsgremiums für die Handhabung elektromagnetischer Strahlungen Ausdruck verliehen. Nach zwei Jahren hat diese Gruppe von Spezialisten der Nachrichtentechnik einen Untersuchungsbericht veröffentlicht, betitelt „Ein Programm zur Kontrolle der elektromagnetischen Umweltverseuchung". Darin wird vor allem auf die biologischen Schäden hingewiesen, die durch Mikrowellen- und sonstige Radiowellen-Energie möglicherweise hervorgerufen werden. In sorgfältiger Abwägung der ganzen Problematik stellte die Untersuchungsgruppe fest: „Die elektromagnetischen Strahlungen von Radar, Fernsehen, Fernmeldeeinrichtungen, Mikrowellenöfen, industriellen Wärmeprozessen, medizinischen Bestrahlungsgeräten und vielen anderen Quellen durchdringen die heutige Umwelt, im zivilen wie im militärischen Bereich." Der Bericht fährt fort: „Daß die Menschen jetzt einer Strahlungsart ausgesetzt waren, die in der Geschichte kein Gegenstück hat, bedeutete bis etwa zu Beginn des 2. Weltkrieges eine Gefahr, die man als relativ vernachlässigbar ansehen konnte." Nach einer Beschreibung der Zunahme der Strahlungsquellen von 1940 an heißt es dann: „Das Niveau der in der Luft schwingenden Strahlungsenergie um Amerikas Großstädte, Flughäfen, Militäreinrichtungen, Schiffe und Jachten, im Haushalt und in der Industrie könnte bereits biologische Wirkungen zeigen."

Im nächsten Absatz des amtlichen Reports wird gesagt: „Wenn nicht in naher Zukunft angemessene Vorkehrungen und Kontrollen eingeführt werden, die auf einem grundsätzlichen Verständnis der biologischen Wirkungen elektromagnetischer Strahlungen basieren, wird die Menschheit in den kommenden Jahrzehnten in ein Zeitalter der Umweltverschmutzung durch Energie eintreten, welche mit der chemischen Umweltverschmutzung von heute vergleichbar ist." Nach der Feststellung, daß in Bezug auf die Erforschung der Langzeitwirkung geringer, aber stetiger Radiowellenstrahlung auf lebendige, wasserhaltige Zellen praktisch ein Stillstand eingetreten sei, und nach dem Hinweis, kaum jemand in der Bevölkerung sei sich des bestehenden Risikos überhaupt bewußt, warnt der Report: „Die Folgen einer Unterschätzung oder Mißachtung der biologischen Schädigungen, die infolge langdauernder Strahlungsexposition auch bei geringer ständiger Strahleneinwirkung auftreten könnten, können für die Volksgesundheit einmal verheerend sein." Damit sind speziell die genetischen Effekte hochfrequenter Strahlungen angesprochen, die in einer Deformation der Erbmasse bestehen. Der Berichtstext empfahl deshalb ein über 5 Jahre laufendes Mikrowellen-Forschungsprogramm zur genauen Erkennung der Langzeitwirkungen geringer Mikrowellenbestrahlung bei Menschen aus verschiedenen Gegenden.

Wenn neueste Untersuchungen endgültig beweisen sollten, daß an einer Bedrohung durch die Strahlungsexposition nicht mehr gezweifelt werden kann, dann ist praktisch jedermann gefährdet, ob Mann, Frau oder Kind. Derzeit gehört der Fall aber weiterhin zu einer der umstrittensten medizinischen Fragen. Seine Klärung betrifft eine Reihe verschiedener Wissenschaftszweige sowie die größten Unterhaltungsindustrien und nachrichtentechnischen Unternehmen der Welt; nicht zuletzt natürlich auch die Verteidigungsbemühungen aller Staaten, die über moderne Streitkräfte verfügen. Dem zitierten Untersuchungsbericht zufolge ist die Abschätzung der möglichen biologischen Wirkungen von Radiostrahlungen besonders deshalb erschwert, weil es Erkenntnisse über den grundsätzlichen Mechanismus der Wechselwirkung zwischen einem elektromagnetischen Feld und lebenden Strukturen kaum gibt. Was der Report nirgends genau zum Ausdruck bringt — vielleicht, weil seine Verfasser annehmen, daß diese Zusammenhänge allgemein bekannt sind —, ist der Umstand, daß der menschliche Körper für langwellige Radiostrahlen offenbar völlig durchlässig ist, wohingegen Kurz- und Mikrowellen vom Körpergewebe absorbiert werden. Ebenso unerwähnt blieb das Verhalten des Körpers gegenüber anderen Strahlungsarten: Sonnenlicht und Röntgenstrahlen zum Beispiel durchdringen ihn zum Teil, teils aber werden sie wie Mikrowellen absorbiert.

Kurz und bündig wurde das Phänomen des Strahlenhintergrundes 1926 von dem sowjetischen Naturforscher Wladimir Iwanowitsch Wernadski beschrieben: „Wir sind überall und ständig umgeben und durchdrungen von einander widerstrebenden oder miteinander in zeitlichem Wechsel kombinierten Strahlungen der verschiedensten Wellenlängen." Wernadski bezog sich in diesen Zeilen allerdings nur auf die elektromagnetischen Strahlen, die von den Himmelsgestirnen ausgehen, vor allem von der Sonne. Er konnte nicht ahnen, daß nach weniger als 50 Jahren seine Beobachtung ebenso auf eine Strahlung zutreffen würde, die hier auf der Erde von seinen Mitmenschen in die Welt gesetzt wird. Und natürlich konnte er sich nicht im entferntesten vorstellen, daß eine Radiostrahlung, die von seinen Landsleuten auf die Amerikanische Botschaft in Moskau gerichtet wurde, einst zu einem internationalen Zwischenfall führen würde.

2. Erste Warnzeichen

Erste biologische Experimente mit elektromagnetischer Energie unternahm Ende des 18. Jahrhunderts der Geburtshelfer und Wundarzt Luigi Galvani (1737–1798). Er praktizierte in Bologna und hatte sich zusätzlich der naturwissenschaftlichen Forschung verschrieben. Am bekanntesten sind seine Entdeckungen auf den Gebieten Chemie und Elektrizität. Sein Name lebt in einer Reihe von physikalisch-technischen Begriffen weiter, von Galvanismus bis Galvanisation und Galvanometer. Galvanis Versuche stellen die Voraussetzung dafür dar, daß sein Landsmann und Rivale Graf Alessandro Volta (1745–1827) später durch Konstruktion der ersten brauchbaren „galvanischen Elemente" die Batterie erfinden konnte. Die Arbeiten der beiden Italiener bahnten den Physikern den Weg zur Eröffnung des Zeitalters der elektrischen Energie.

Als Mediziner war Galvani sehr stark an Anatomie und Physiologie interessiert; so kam es, daß er häufig die Wirkung der Elektrizität an Versuchstieren erprobte. Das für die Folgezeit wichtigste unter seinen Experimenten führte er um das Jahr 1786 durch: er beobachtete, daß die Muskeln eines Froschschenkels, der in einiger Entfernung von den Funken einer elektrostatischen Maschine auf dem Versuchstisch befestigt war, bei Berührung mit einem Skalpell aus elektrisch leitendem Metall immer dann krampfhaft zu zucken begannen, wenn gleichzeitig mit der Maschine Funken erzeugt wurden. Derartige Verfahren, mittels Elektrizität eine schwache Nervenreizung herbeizuführen, wurden danach über 100 Jahre lang nicht wiederholt, wahrscheinlich, weil sie kaum praktischen Wert zu haben schienen. In dieser Zwischenzeit sind aber nicht wenige Menschen bei Kopfschmerzen und Erschöpfungszuständen mit elektrischem Strom behandelt worden.

Dann, im Jahre 1890, demonstrierte der „Wundermensch" Nicola Tesla in Amerika in einer Versuchsreihe, daß sich Körperzellen erhitzen, wenn man sie einem hochfrequenten elektrischen Strom von Radiowellenlänge aussetzt. Tesla wies zwar auf die Möglichkeit medizinischer Anwendungen des Phänomens hin, doch dann wandte er sein ganzes Interesse der drahtlosen Telegraphie zu. Der Ruf eines Pioniers der Elektrotherapie ging dagegen an Jacques Arsène d'Arsonval über. Dieser französische Naturwissenschaftler und Arzt, Direktor des Biologischen Instituts am College de France, hatte etwa zur gleichen Zeit unabhängig von Tesla bewiesen, daß hochfrequente elektrische Ströme tief in den Körper eindringen und dort die Temperatur des Zellengewebes erhöhen. D'Arsonval führte noch viele Experimente zur Feststellung biologischer Wirkungen hochfrequenter elektrischer Ströme durch, machte über die physiologischen und verhaltensmäßigen Reaktionen der Versuchstiere genaue Aufzeichnungen und fand unter anderem heraus, daß Ströme mit 200 000 Schwingungen je Sekunde Konzentration und Wirkung der Giftstoffe im Blut von Diphteriekranken verminderten. Bei seinen Patienten behandelte er auch Erkrankungen von Haut und Schleimhäuten mit hochfrequentem elektrischen Strom. D'Arsonval nannte seine neue Behandlungsmethode griechisch *Diathermie*, also „Durchwärmung", und betonte bereits, sein Verfahren werde als Hilfsmittel des Arztes bald überall von hohem Wert sein. Die Kollegen von der Ärzteschaft hielten ihn anfangs für einen sonderlichen Außenseiter. Doch bereits im Jahre 1900 waren Diathermiegeräte allseits bewährt bei der Behandlung von Kreislaufschwäche und von Schmerzen verschiedenster Art.

Daneben wurden zur gleichen Zeit die 1895 entdeckten Röntgenstrahlen schnell zu einem unentbehrlichen Werkzeug der modernen Medizin. Weil die „X-Strahlen" photographische Filme belichten und mit außerordentlicher Kraft Materie durchdringen konnten, sowie in der Lage waren, bestimmte Substanzen zum Fluoreszieren anzuregen, wurden immer mehr Röntgeneinrichtungen aufgestellt, vor allem für die genaue Diagnose von Knochenbrüchen. Hinzu kam die Erfindung des Durchleuchtens, einer Form der Strahlenphotographie, mit der T. A. Edison im Jahre 1896 den Ärzten die Möglichkeit eröffnete, auch über längere Zeiträume die innere Körperstruktur ihrer Patienten visuell zu beobachten. Und sobald die Röntgenröhren als große Neuigkeit weithin bekannt und preislich erschwinglich geworden waren, wurden sie nicht nur von immer mehr Kliniken, Ärzten und Zahnärzten verwendet, sondern auch von Ingenieuren, Technikern, Laboranten, Lehrern, Studenten und anderen Laien, die damit aufs Geratewohl herumexperimentierten. Die Ergebnisse des Umgangs mit der hochfrequenten Strahlung waren manchmal erstaunlich, öfters aber wurden auch recht schmerzliche Erfahrungen gemacht.

Sechs Monate nach der Entdeckung der Röntgenstrahlen stellten die ersten Personen, die damit arbeiteten, mit Besorgnis fest, daß eine starke Strahlungsdosis Rötungen und Bläschen auf der Haut hervorrief, ja daß sogar ganz kurzzeitige Bestrahlungen unangenehme Hautschäden zur Folge haben konnten, wenn sie häufig auf den Körper einwirkten. Dieses Charakteristikum macht die Röntgenstrahlen zu einem zweischneidigen Schwert: Einerseits führte die Entdeckung dieser zunächst nur schädlichen Effekte direkt zur Röntgentherapie, mit deren Hilfe man heute Krebsgeschwülste vernichtet und Menschenleben verlängert, andererseits zeigte sich, daß die Strahlen ihrerseits Krebs und einen qualvollen Tod verursachen können. Ein erster tragischer Fall war der eines jungen Assistenten von Thomas Edison, Clarence Dally. Edison hatte ihn bei der Entwicklung seines fluoreszierenden Röntgenschirms ahnungslos des öfteren mit dem Durchleuchtungsgerät bestrahlt. Wenige Jahre nach diesen Versuchen starb der Mann an den Auswirkungen der Gesamtstrahlungsdosis. Aber trotz einiger so bitterer Erfahrungen wurden die bedenklichen biologischen Effekte der Röntgenstrahlung, vor allem ihre kumulative Langzeitwirkung, noch Jahrzehnte lang so gut wie ignoriert. Vorsichtsmaßnahmen wurden nicht für opportun gehalten – offenbar unter dem Zwang des sehr praktisch orientierten und wißbegierigen Zeitgeistes, der damals herrschte: neue Erfindungen galt es auf jeden Fall schnell gebrauchsreif zu machen, notfalls ohne Rücksicht auf Verluste. Als kurz nach der Jahrhundertwende erkannt wurde, daß es in manchen Fällen möglich ist, mit Röntgenstrahlen Schmerzen zu lindern, wurden sie bald in großem Umfang bei der Behandlung von Arthritis und Gürtelrose und mehrere Jahre lang sogar bei Kindern gegen Mandelentzündung, Polypen, Pickel und Spulwürmer eingesetzt. Auch von den Ärzten, die Röntgenstrahlen anwendeten, taten nur ganz wenige etwas dafür, sich selbst und ihre Patienten vor weitergehenden Strahlenschäden als offensichtlichen Hautverbrennungen zu schützen. So kam es noch bis Ende der 40er Jahre häufig vor, daß die Ärzte ihre Hände in den Röntgenstrahl hielten, um zu prüfen, ob ihr Röntgenschirm scharfe Bildwiedergabe zeigte. Durch diese Sorglosigkeit wurden nicht wenige Röntgenologen und Ärzte von Hautkrebs befallen.

Mittlerweile hatte im Jahre 1900 der berühmte Physiker Max Planck (1858–1947/Nobelpreis 1918) seine Quantentheorie veröffentlicht, mit der die jeder elektromagnetischen Strahlung zugrundeliegenden Naturgesetze aufgedeckt wurden. Von da an datiert ein äußerst zähes Bemühen der Wissenschaftler in aller Welt, das Geheimnis der zwischen Strahlen und Materie bestehenden wechselseitigen Einflüsse und Abhängigkeiten endgültig zu entschleiern. Planck legte in seiner Hypothese weiter dar, daß Strahlung nicht unbedingt in Form regelmäßig schwingender Wellen auftritt, sondern auch die Form von Energieteilchen annehmen könnte, die er als Quanten bezeichnete. In einer neuen Strahlungsformel zeigte Planck, daß jede von einer Materie ausstrahlende Energie in Form elektromagnetischer Wellen, z. B. Licht, in direktem Verhältnis zur Frequenz der Strahlung steht: Je höher die Frequenz, desto größer die in jedem Quant enthaltene Energie. 1905 fand Plancks Theorie eine weitere Ausdeutung in Einsteins spezieller Relativitätstheorie, die erklärt, wieso die Ausbreitung elektromagnetischer Strahlungen, die aus Quanten mit unterschiedlichem Energiemenge-Inhalt bestehen, mit der Tatsache zu vereinbaren ist, daß sich jede Strahlung mit Lichtgeschwindigkeit fortpflanzt. Im Jahre 1916 formulierte Albert Einstein (1879–1955/Nobelpreis 1921) in Berlin in der „allgemeinen Relativitätstheorie" einige epochemachende mathematische Gleichungen, aus denen der Energieaustausch errechenbar ist, der beim Zusammentreffen von Strahlung mit Materie stattfindet. In den frühen 20er Jahren wurde es ganz offenkundig, daß die elektromagnetischen Strahlen aus Partikeln zusammengesetzt sind; denn nun wurde entdeckt, daß es zwischen den Lichtquanten („Photonen") eines Energiestrahls und den Elektronen in den kleinsten Bausteinen der Materie zu Kollisionen kommt. Das brachte für die meisten der von den Physikern beobachteten Strahlungseffekte die wissenschaftliche Erklärung.

Physiker, die sich mit den Eigenheiten der verschiedenen elektromagnetischen Strahlungen befassen, reihen die Strahlungsarten in ein seitdem allgemein übliches Schema ein, das sich nach den Frequenzen und Wellenlängen richtet: das sogenannte elektromagnetische Spektrum, das man auch „Strahlungsenergie-Spektrum" nennen könnte. Im langwelligen Niederfrequenz-Bereich an einem Ende dieser Skala liegen solche Radiowellen, deren Schwingungen tausende von Kilometern überspannen, bei einer Frequenz um die 10 Hertz. (Das Hertz, abgekürzt Hz, bürgerte sich nun als Einheit für den umständlichen Ausdruck „Schwingungen in der Sekunde" ein.) Am entgegengesetzten Ende des Spektrums stehen die Gammastrahlen, Strahlungen mit extrem hohen Frequenzen, die z. B. von radioaktiven Stoffen wie Radium, Uran und künstlichen radioaktiven Isotopen ausgehen sowie bei thermonuklearen Prozessen und Explosionen als Folge des Zerfalls der Atomkerne auftreten. Die Wellenlänge der Gammastrahlen ist unvorstellbar klein und wird in Zahlen mit Zehnerpotenzen ausgedrückt, seitdem sich die frühere Maßeinheit Ångström (= $^1/_{10}$ Nanometer) als unpraktisch für physikalisch-technische Berechnungen erwies und daher in das heute geltende welteinheitliche SI-System der Maßeinheiten nicht übernommen wurde. Die Frequenz radioaktiver Strahlen reicht von mehreren Millionen bis zu einigen Trilliarden Hertz. Strahlungen mit Frequenzen über 10^{22} Hertz werden neuerdings oft gesondert als „kosmische oder Ultra-Strahlung" bezeichnet (vgl. Bild). In den Zwischenraum zwischen niederfrequenten Radiowellen und Gammastrahlen gehören in der Reihenfolge der zunehmenden Frequenz: Kurzwellen, Mikrowellen (UKW, UHF, Radar), Ultra- und Infrarot, sichtbares Licht, ultraviolette Strahlung und Röntgenstrahlen.

Spektrum elektromagnetischer Wellen (Übersicht)

In der folgenden Tabelle befinden sich die kurzwelligen, höchstfrequenten Bereiche des Spektrums an der Spitze; unten sind die langwelligen Niederfrequenzen.

Die größte mögliche Wellenlänge, mit 1 Schwingung je Sekunde, beträgt 299 793 km (Frequenzbezeichnung: 1 Hertz), entsprechend der Lichtgeschwindigkeit von rund 300 000 km/Sekunde.

Die Wellenlänge (meist mit λ bezeichnet) in **Meter**, die Frequenz (f) in **Kilohertz** (1 Kilohertz = 1 000 Hertz) und die Lichtgeschwindigkeit (c) von 300 000 km/s stehen in fester Beziehung zueinander, entsprechend der Gleichung

$$c = \lambda \cdot f, \qquad \text{umgeformt: } f = \frac{c}{\lambda} \qquad \text{bzw. } \lambda = \frac{c}{f}.$$

Damit läßt sich zu jeder bekannten Frequenz die Wellenlänge sowie zu jeder Wellenlänge die Frequenz rechnerisch feststellen. – Beispiel: Welche Frequenz haben bei den Mikrowellen die „Dezimeterwellen" von 75 cm Wellenlänge?

$$f = \frac{300\ 000\ \text{(km/s)}}{0{,}75\ \text{(m)}} = 400\ 000\ \text{kHz.}$$

Dieses Ergebnis bedeutet 400 Millionen Schwingungen je Sekunde (z/s oder Hz); vereinfacht in Megahertz ausgedrückt: **400 MHz**. Der „Megahertzbereich" umfaßt die Frequenzen von 1 Million bis unter 1 Milliarde Hertz und entspricht den Wellenlängen von 300 m bis 0,3 m (= 3 Dezimeter). – Die im Buch erwähnten Rechenfehler von Wissenschaftlern bei internationalen Tagungen erscheinen angesichts so großer Zahlen verständlich. Am besten werden Mißverständnisse über die Größenordnung durch die präzise Schreibweise mit Zehnerpotenzen vermieden:

nicht 10 000, sondern 10^4; nicht 225 000, sondern $2{,}25 \times 10^5$.

Bei negativen Exponenten gibt die hochgestellte Zahl zugleich die Zahl der Stellen hinter dem Komma an: 3×10^{-3} m bedeutet 0,003 m (= 3 mm).

Bezeichnung der Strahlung / Hinweise		Frequenzbereiche			Wellenlänge			
		f (Hz)	Schwingungszyklen je Sek.		1) λ in Meter	2) λ in Zentimeter usw.		Längenbereiche
Kosmische Strahlung (Ultrastrahlung)		10^{24}	Kürzeste Wellen mit höchsten		3×10^{-16}	10^{-14} =	100 am	Attometer-Wellen
		10^{23}	Frequenzen (über 1000 Tril-		3×10^{-15}	10^{-13} =	1 km	
		10^{22}	lionen Zyklen/Sekunde)		3×10^{-14}	10^{-12} =	10 fm	Femtometer-Wellen
Gamma-Strahlung (Radioaktivität)		10^{21}			3×10^{-13}	10^{-11} =	100 fm	
		10^{20}	100 EHz	Exahertzbe-	3×10^{-12}	10^{-10} =	1 pm	Picometer-Wellen
		10^{19}	10 EHz	reich	3×10^{-11}	10^{-9} =	10 pm	
X-Strahlung (Röntgenstrahlen)		10^{18}	1 EHz	(Trillionen z/s)	3×10^{-10}	10^{-8} =	100 pm = 1 Å	(früheres Angström)
UV-Strahlung (Ultraviolett)		10^{17}	100 PHz	Petahertzbe-	3×10^{-9}	10^{-7} =	1 nm	
	VIOLETT	10^{16}	10 PHz	reich	3×10^{-8}	10^{-6} =	10 nm	Nanometer-Wellen
Sichtbares Licht:	BLAU GRÜN	10^{15}	1 PHz	(Billiarden z/s)	3×10^{-7}	10^{-5} =	100 nm	
	GELB ORANGE ROT 0,39–0,73 μm	10^{14}	100 THz	Terahertzbe-	3×10^{-6}	10^{-4} =	1 μm	
Infrarot-Wärmestrahlung		10^{13}	10 THz	reich	3×10^{-5}	10^{-3} =	10 μm	Mikrometer-Wellen
Langwelliges Ultrarot (Kachelofen)		10^{12}	1 THz	(Billionen z/s)	3×10^{-4}	10^{-2} =	100 μm	
300 MHz–300 GHz	K-Band-Radar X-Band-Radar	10^{11}	100 GHz	Gigahertzbe-	3×10^{-3}	10^{-1} =	1 mm	Millimeter-Wellen
	UHF-Satellitenfunk	10^{10}	10 GHz	reich	3×10^{-2}	10^{0} =	1 cm	Zentimeter-Wellen
MIKRO-WELLEN	S-Band-Radar (dm-Welle) UHF-Telefon/TV	10^{9}	1 GHz	(Milliarden z/s)	3×10^{-1}	10^{1} =	1 dm	Dezimeter-Wellen
Ultrakurzwelle (UKW = VHF) Nahsender		10^{8}	100 MHz	Megahertzbe-	3×10^{0}	10^{2} =	1 m	
Kurzwelle (KW) Weitsender		10^{7}	10 MHz	reich	3×10^{1}	10^{3} =	10 m	Meter-Wellen
Mittelwelle (MW) Nahsender		10^{6}	1 MHz	(Millionen z/s)	3×10^{2}	10^{4} =	100 m	
Langwelle (LW) Weitsender		10^{5}	100 kHz	Kilohertzbe-	3×10^{3}	10^{5} =	1 km	
Ultraschall	Akustisch	10^{4}	10 kHz	reich	3×10^{4}	10^{6} =	10 km	Kilometer-Wellen
	vom Menschen wahrnehmbar	10^{3}	1 kHz	(Tausend z/s)	3×10^{5}	10^{7} =	100 km	
		10^{2}	100 Hz	Hertz	3×10^{6}	10^{8} =	1 000 km	
Techn. Wechselstrom	Infrarotschall	10^{1}	10 Hz	(niedrigfrequ. Langwellen,	3×10^{7}	10^{9} =	10 000 km	
Extreme Niederfrequenzstrahlung		10^{0}	1 Hz	= „ELF")	3×10^{0}	10^{10} =	100 000 km	

Nachdem feststand, daß die in einem gegebenen Photon enthaltene Energie proportional zur Frequenz der zugehörigen Strahlungsenergie ist, stellten die Physiker beim weiteren Studium der Wechselwirkungen verschiedener Strahlungen mit Materie fest, daß Röntgen-, Gamma- und kosmische Strahlen aufgrund ihrer extrem hohen Schwingungsfrequenz imstande sind, die interne Struktur der Atome und Moleküle zu verwandeln. Diese Fähigkeit steht wieder in direktem Zusammenhang mit dem gewaltigen Energieinhalt ihrer Photonen und damit auch mit der Fähigkeit solcher Strahlungen, Materie zu durchdringen. Man spricht deshalb auch von zwei Kategorien elektromagnetischer Strahlen: „ionisierende“ und „nichtionisierende“ Strahlung. Die erste Gruppe umfaßt die eben besprochenen Röntgen-, Gamma- und kosmischen Strahlungen, welche genügend Energie mitbringen, um Elektronen aus ihrer Kreisbahn um den zugehörigen Atomkern zu vertreiben, wodurch einerseits eine elektrische Ladung von schwankender Stärke entsteht, andererseits eine Menge chemisch reagierender Atome, Ionen genannt, die unvermeidlich die Zellen lebender Körpergewebe zerstören − was sie befähigt, Wachstums- und andere organische Prozesse zu unterbrechen und Veränderungen in der Erbmasse von Menschen, Tieren und Pflanzen zu verursachen. Zur zweiten Strahlen-Kategorie zählen alle bisher als weniger gefährlich bekannten Strahlen mit niedrigeren Frequenzen, dem Schema des elektromagnetischen Spektrums zufolge von der Röntgenstrahlung aus gesehen „abwärts“, vom Licht bis zum langwelligen Niederfrequenzbereich.

Mit den sich überschlagenden Neuentdeckungen auf dem Gebiet der Strahlenphysik kamen auch laufend neue Begriffe auf; die Sprache der Physiker wandelte sich, und zwar unterschiedlich zur Entwicklung in der Biologie. Dadurch konnten sich vor rund 50 Jahren Physiker und Mediziner kaum über die sie gemeinsam berührenden Fragen verständigen. So blieb das Bewußtwerden der biologischen Folgen ionisierender Strahlen weiter davon abhängig, daß bei betroffenen Personen Erkrankungen auftraten und Schädigungen beobachtet wurden. Dabei waren bereits 1916 die Fälle von Hautkrebs an den Händen der Röntgenologen so häufig, daß die Britische Gesellschaft für Röntgenologie die Herausgabe von Sicherheitsvorschriften für den Umgang mit Röntgenstrahlen empfahl, und im Jahre 1922 gründete die Amerikanische Röntgenstrahlen-Gesellschaft einen Ausschuß für Strahlenschutz. 1925 schließlich, in dem Jahr, da die ersten Fälle von Kiefernknochenkrebs bei Arbeiterinnen gefunden wurden, die beim Betupfen von Uhrzifferblättern mit radiumhaltiger Leuchtfarbe ausgefaserte Pinsel durch Anfeuchten im Mund wieder zugespitzt hatten, um einen schärferen Leuchtpunkt zu erzielen, forderten die Delegierten des 1. Internationalen Kongresses für Radiologie in London die Festlegung einer Höchstgrenze für die Exposition gegenüber Röntgen- und Gammastrahlen, die ein Zehntel so hoch liegen sollte wie die Strahlung, welche leichte Hautverbrennungen verursachen kann. Das war ein Standard, der seitdem mehrmals drastisch weiter heruntergesetzt werden mußte. Beim nächsten internationalen Radiologenkongreß, der 1928 in Stockholm stattfand, wurde die Einführung einer neuen Einheit zur Strahlungsmessung beschlossen, des „Röntgen" (Kurzzeichen: R). Das war aber nichts als ein Vorspiel zur Formulierung eines praktikablen Dosierungssystems für die Anwendung von Röntgenstrahlen. Denn das „Röntgen" ist das Maß für die Energiemenge, die im Kubikzentimeter Luft frei wird und den Grad der Ionisierung bestimmt, nicht aber für die Energiemenge, die das Gewebe absorbiert, wonach sich natürlich der Grad Ionisierung beim Menschen richtet. „Röntgen" ist also eine für den Physiker brauchbare Einheit, die jedoch viele Jahre lang irrtümlich in der Medizin zur Bezeichnung der absorbierten Energiemenge mitbenutzt wurde. Erst im Jahre 1953 wurde für die Absorption die neue, korrekt definierte Maßeinheit „Rad" (Kurzzeichen: rd) eingeführt, ein Wort, das von den Anfangsbuchstaben des englischen Ausdrucks für „absorbierte Strahlendosis" abgeleitet wurde: Radiation absorbed dose. Wegen der weiterhin nicht auszuschließenden Unklarheiten bei der Messung von Strahlungswirkungen haben beide Maßeinheiten in das seit dem Jahr 1978 gültige internationale Maßeinheiten-System (SI) n i c h t Eingang gefunden; es muß daher wieder umgelernt werden. Statt des früheren „Röntgen" gilt nun die abgeleitete SI-Einheit „Coulomb je Kilogramm" (C/kg)*, das ehemalige „Rad" wurde ersetzt durch „Joule je Kilogramm" (J/kg)**.

Aber auch jetzt blieb die Beachtung der verschiedenen Normen, die sich mit der dem Menschen höchstens zuträglichen Strahlendosis befassen, eine mehr oder weniger freiwillige Angelegenheit. Die Strahlenschutz-Standards waren ausschließlich auf die dauernd mit Röntgenstrahlen befaßten Ärzte und Radiologen abgestellt, die den Einsatz von Röntgenstrahlen in der Diagnostik weiterhin als für die Patienten völlig ungefährlich betrachteten. So fuhr man z. B. fort, bei schwangeren Frauen regelmäßig das Becken zu röntgen – bis sich unter den Kindern der so behandelten Frauen ein alarmierender Anstieg der Fälle von Leukämie und anderen Krebserkrankungen zeigte, sowie die Bestrahlung der Eierstöcke bei manchen Frauen zur Unfruchtbarkeit führte. Auch bei den Röntgen-Fachärzten trat während der 50er Jahre die Leukämie zehnmal häufiger auf als bei allen anderen Ärzten. Nun endlich wurde die Besorgnis über die biologischen Wirkungen von ionisierenden Strahlen allgemein wach. Die anwachsende Zahl der Fälle von Strahlenkrankheiten wirkte ähnlich alarmierend wie die Spätfolgen radioaktiver Strahlung in Form von Leukämie und genetischen Schäden, von denen zahlreiche Überlebende aus Hiroshima und Nagasaki noch mehr als ein Jahrzehnt nach den Atombombenabwürfen von 1945 betroffen wurden.

Heute ist überall bekannt, daß sich die zerstörerische Wirkung ionisierender Strahlungen kumulativ entfaltet: je öfter sich der Mensch ihnen aussetzt, desto größer ist das Risiko für ihn, bleibende Schäden zu erleiden. Daher stimmen im Prinzip die medizinischen Autoritäten der ganzen Welt in der

---

*) 1 R = 258 μC/kg (= 2,58 · 10^{-4} C/kg) – zur Messung der *Ionen*dosis.
**) 1 rd = 0,01 J/kg; 1 J/kg = 100 rd – zur Messung der *Energie*dosis, = 100 rem bei Angabe der Äquivalentdosis.

Meinung überein, daß keine einzige Röntgenuntersuchung durchgeführt werden sollte, die nicht unbedingt notwendig ist. Auch dem Strahlenschutz wird hier inzwischen die ihm gebührende Aufmerksamkeit gewidmet. Gegen die Abgabe von Streustrahlen gesicherte Röntgenapparate, abgesonderte Röntgenräume, die der Arzt während der Aufnahme nicht betritt, Bleischürzen und Strahlenschilde auch für die Patienten und andere, einfache und wirkungsvolle Maßnahmen gegen die Strahlengefahr sind selbstverständlich geworden.

Während also mit Röntgen- und anderen ionisierenden Strahlungen seit den 60er Jahren nach und nach immer vorsichtiger umgegangen wird, wird der mit Radiofrequenz strahlenden Energie keine oder nur eine ganz geringe biologische Bedeutung beigemessen. Grund dieser Anschauungsweise ist lediglich, daß nachteilige Einflüsse auf die Gesundheit, wie sie von Röntgenstrahlen ausgehen können, bisher nicht bei Leuten in Erscheinung getreten sind, die mit Diathermie behandelt wurden oder anderweitig Strahlungen des Frequenzbereichs der Radiowellen ausgesetzt waren. Der Glauben an die Harmlosigkeit jeder Radiofrequenz-Strahlung wurde seinerzeit durch die Klärung des Phänomens der Ionisation noch bestärkt. Man nimmt seitdem an, daß die im Vergleich zur Röntgenstrahlung verschwindend kleine Photonen-Energie Radiowellen bestimmt nicht befähigen kann, Elektronen aus Atomen herauszulocken. Der bei Kurz- und Mikrowellenbestrahlungen auftretende Heizeffekt wird anders erklärt: Im Körpergewebe vorhandene Ionen und elektrisch polarisierte Wassermoleküle versuchen unausgesetzt, sich nach dem schnell schwingenden elektrischen Feld der Strahlung zu orientieren; das führt zu Molekül-Zusammenstößen und damit zur Reibung, wodurch die Temperaturerhöhung zustande kommt.

Nun, solange infolge der Erwärmung von Körpergewebe durch Radiowellen keine Schäden erkennbar wurden, gab es (noch) keinen Grund zur Sorge. Doch als in der Nachrichtentechnik kürzere und immer noch kürzere Wellen zur Anwendung kamen, setzte bei den Diathermie-Geräten eine gleichlaufende Entwicklung ein. Ab 1930 war praktisch nur noch die Rede von „Kurzwellentherapie". Und schon frühzeitig,

im Jahre 1924, nahm in Amerika ein Spezialist für Berufskrankheiten, Dr. J. W. Schereschewsky, im Auftrag des Bun-
desgesundheitsdienstes der USA Forschungsarbeiten in Angriff, die sich mit eventuellen biologischen Wirkungen von
Kurzwellenbestrahlungen befaßten. Das bedeutsamste Ergebnis der damaligen Tierversuche war die Feststellung, daß
sich Kurzwellen unterschiedlich hoher Frequenz in ihrer
Wirkung auf lebende Zellen voneinander erheblich unterscheiden können. Hohe Strahlungsdosen der Wellenfrequenzen
zwischen 18 und 66 Megahertz waren zum Beispiel für Mäuse
tödlich; die Tiere starben an inneren Verbrennungen. Dagegen
waren Kurzwellen des Frequenzbereichs 90 bis 100 Megahertz geeignet, ähnlich wie Röntgenstrahlen Tumore zu heilen, und zwar ohne daß die Körpertemperatur der bestrahlten
Versuchsmäuse nennenswert anstieg. Heute wäre Dr. Schereschewsky, der vor 50 Jahren bei der Harvard Medical School
ein Krebsforschungszentrum gegründet hatte, sicher darüber
erfreut, daß nach mehr als einem halben Jahrhundert erneut
ganz ähnliche Feststellungen gemacht wurden, und zwar im
Rahmen eines Forschungsprogramms, welches das Nationale
Institut zur Krebsbekämpfung in den USA ins Leben gerufen
hat, um den Nutzen des Einsatzes von Radio- und Mikrowellenstrahlen zur Wärmebehandlung von Krebs zu testen.
Für seinen Teil schrieb Dr. Schereschewsky die Heilwirkung
der Kurzwellen bei Tumoren einer Erwärmung des Zellge-
webes zu, die wohl auf „völlig andere Weise zustandekom-
men" müsse als die für die Versuchstiere schädliche Über-
hitzung durch Kurzwellen von niedrigerer Frequenz, oder
Wärme, die mit der alten Lang- bzw. Mittelwellen-Diathermie
zu erzielen war.

Damals machte die Erforschung der Wirkung von kurzwelligen Strahlungen besonders in Europa beachtliche Fortschritte. Mitte der 30er Jahre kam es zu einer ersten leiden-
schaftlichen Kontroverse zwischen denjenigen unter den
Wissenschaftlern, die den Mikrowellen auch eine spezielle,
nicht mit Wärme im Zusammenhang stehende biologische
Wirkung zuschrieben, und anderen, die nur den Wärmeeffekt
gelten ließen. Die Streitfrage fand nie eine zufriedenstellende

Lösung. In den USA wurde die Angelegenheit für lange Zeit auf Eis gelegt, nachdem Ende 1935 in einem offiziellen Report über die physikalische Therapie konstatiert worden war: „Die Beweislast liegt bei denen, die außer der bekannten Wärmewirkung noch andere Aktivitäten dieser Strahlen vermuten." Bald gab es überall Diathermie-Geräte, die elektrische Ströme mit Frequenzen von 10 Megahertz und höher erzeugten. Die Kurzwellentherapie wurde nun sogar zur Behandlung von Frauenleiden, Lungeninfektionen und Entzündungen des inneren Auges herangezogen. Auch viele Nichtfachleute in Sportvereinen und Haushalten bedienten sich der beliebten Bestrahlungsgeräte. Fast ein Jahrzehnt lang war von schädlichen Nebenwirkungen nicht mehr die Rede. Das einzige, was noch auf Jahre hinaus Schwierigkeiten zu bereiten schien, war offenbar die ungenügende Funkentstörung der Geräte: Ein Kurzschluß darin konnte sogar ein von Kurzwellen übertragenes Übersee-Telephongespräch unterbrechen.

Während des 2. Weltkrieges stellte die entscheidende Bedeutung von Radio, Funk und Radar alle anderen Gesichtspunkte in den Schatten, darunter natürlich auch die Bedenken wegen biologischer Strahlungswirkungen. Aber auf der Basis einer Mischung von Phantasie, Gerüchten, Beobachtungen und Befürchtungen verbreitete sich im Krieg um die biologischen Folgen häufiger Bestrahlung mit Kurz- und Mikrowellen ein ahnungsvolles Halbwissen, welches verschiedentlich in pseudomedizinischen Praktiken und vor allem in einem schwarzen Humor zum Ausdruck kam. Begonnen hatte es schon 1939: Die Ingenieure einer Kurzwellensender-Forschungsstation der Bell-Telephongesellschaft wurden bei Betriebsausflügen von den Kollegen aus anderen Abteilungen mit Spottliedern aufgezogen, in denen es hieß, ihr Job mache sie alle steril. Mehr noch wucherten die Gerüchte um die geheimnisvollen Nebenwirkungen der Radarstrahlen. Bei der amerikanischen Marine wurde kolpertiert, daß einige geschäftstüchtige Radartechniker jedem Schiffskameraden, der Landurlaub bekam, zuvor gegen Bezahlung eine Mikrowellen-„Behandlung" verpaßten, die kurzzeitig als „Verhütungsmittel" wirken sollte!

Als sich die Admiralität im Frühjahr 1942 mit einem riesigen Gestrüpp von Gerüchten, Vermutungen und Vorwürfen wegen der Radargeräte konfrontiert sah, ließ die Kriegsmarine einige Monate lang eine Gruppe von 45 Zivilbediensteten, die am Washingtoner Marine-Forschungslaboratorium mit Radar experimentierten, medizinisch beobachten. Die laufenden Untersuchungen umfaßten sogar Bluttests, ergaben jedoch keine Anzeichen von Sterilität, unnatürlichem Haarausfall oder irgendeiner anderen biologischen Besonderheit. Einige der Männer klagten allerdings über Kopfschmerzen, Augenbrennen und Hitzegefühl im Gesicht − Beschwerden, die immer dann auftraten, wenn sie sich direkt den von den Radarantennen ausstrahlenden Mikrowellen aussetzten. Die Symptome wurden interessiert zur Kenntnis genommen, jedoch als subjektiv bedingt abgetan. Als das Ergebnis der Untersuchung im Juli 1943 bekanntgegeben wurde, erfuhr man nur, daß bei keinem der am Versuch Beteiligten klinisch erkennbare Schäden gefunden worden seien. Nebenbei wurde aber noch Wert auf die Feststellung gelegt, der Energieausstoß der in der Forschungsstation erprobten Radargeräte sei geringer als bei jedem der damaligen Diathermie-Geräte und daher auch ungefährlich. Aus heutiger Sicht muß dieses Ergebnis der Schwäche der damals noch verwendeten Radarsender und der zu kurzen Dauer des Versuchs zugeschrieben werden. Eine kumulative Strahlenwirkung, wie sie entsprechend den Erfahrungen mit den Röntgenstrahlen auch bei Mikrowellen befürchtet werden muß, war so nicht zu beweisen. Gegen Ende des Krieges war die Energieabgabe der verbesserten Radargeräte 100mal größer. Die Bedienungsmannschaften sollen in ruhigen Momenten im Mikrowellenstrahl Toast und Spiegeleier zubereitet haben. Solche Erfahrungen wurden bald darauf von Erfindern und Elektroingenieuren aufgegriffen, wie z. B. von Dr. Percy Spencer, dem Pionier des Baues von Mikrowellen-Kochgeräten. Aber auch einer Handvoll von Medizinern, die sich für die biologischen Wirkungen von Mikrowellen interessierten, gab die verstärkte Wärmewirkung zu denken. Sie wußten, daß der Körper einen Gesamtanstieg der Temperatur durch Schwitzen ausgleicht und bei einer lokalen Durchwärmung mit steigendem Blutdruck reagiert. Da das Blut wie ein Kühlmittel wirkt, können gut durchblutete Körperteile und Muskeln einer partiellen Erwärmung besser widerstehen als so empfindliche Organe wie Augen und Hoden. Außerdem waren ihnen seit langem durch Hitzeeinwirkung bedingte Fälle von Grauem Star z. B. bei Glasbläsern und Stahlwerkern bekannt. Sie wollten nun klären, ob sich nicht ähnliche Augenerkrankungen bei Personen herausbilden, die ständig oder zeitweilig der Heizwirkung von Mikrowellen ausgesetzt sind. In der zweiten Hälfte der 40er Jahre wurde deshalb damit begonnen, die Augen von Versuchstieren mit besonders energiereichen Mikrowellen zu bestrahlen. Zugrundegelegt wurde dabei die Annahme, daß auf jeden Fall eine hohe Strahlendosis nötig sein dürfte, um genügend Wärme zur künstlichen Auslösung von Grauem Star zu erzeugen.

Die Kraft oder Intensität eines Strahls von elektromagnetischen Wellen wird als Leistungsdichte bezeichnet und meist in Milliwatt pro cm^2 angegeben. Die Leistungsdichte ist jedoch ebensowenig wie die schon erwähnte alte Einheit „Röntgen" ein Maßstab für vom Körpergewebe absorbierte Energie. Zum Vergleich: Die Leistungsdichte der Sonnenstrahlung beträgt an der Erdoberfläche in Äquatornähe etwa 100 mW/cm^2. Die Strahlung, die auf die oben genannten Versuchstiere gerichtet wurde, lag dagegen um 3 000 mW/cm^2. Damit wurde schon in den ersten Versuchen binnen zehn Minuten bei Kaninchen und Hunden Wärme-Star hervorgerufen. Ihre Augäpfel wurden im Mikrowellenstrahl buchstäblich gekocht und dabei für immer undurchsichtig. Der Vorgang ist ähnlich, wie wenn man klares, flüssiges Eiweiß in einen Topf kochenden Wassers oder in eine Pfanne gibt, wo es ebenfalls weiß und undurchsichtig wird. Zusätzlich war es bei diesen frühen Versuchen bereits möglich, bei Kaninchen durch Mikrowellen bestimmte Gehirnschäden und bei Ratten und einigen Hunden schwere Deformationen der Keimdrüsen hervorzurufen, und zwar, ohne daß aus dem Verhalten der Versuchstiere auf Schmerzen oder Unbehagen geschlossen werden konnte. Doch weil die bei den Versuchen verwendete

Strahlendosis in keinem Verhältnis zu irgendeiner Mikrowellenstrahlung stand, der Menschen je ausgesetzt sein dürften, riefen die Ergebnisse weder bei den Medizinern noch in Kreisen des Militärs Beunruhigung hervor. Selbst als Ende der 40er Jahre die üblichen hochwirksamen Radarantennen so hochfrequente Mikrowellen benutzten, daß deren Wärmewirkung auf 30 Meter Entfernung ein Bündel Stahlwolle in Glut versetzen konnte, wurden keinerlei Vorsichtsmaßnahmen zum Schutz des Personals der Radarstationen eingeführt. Dazu bedurfte es noch vieler weiterer Anstöße.

Am 11. Oktober 1951 suchte ein Mikrowellentechniker der Sandia Corporation in Albuquerque, einem Unternehmen, das elektronische Lenksysteme für Raketen entwickelte, den Betriebsarzt Dr. Frederic G. Hirsch auf, weil eine rasch fortschreitende Trübung der Sehkraft ihm die Arbeit erschwerte. Der Befund lautete: akute Netzhautentzündung und beidseitig Grauer Star. Wie der Krankengeschichte dieses Falles zu entnehmen ist, hatte der Mann 11 Monate lang ständig an einem Mikrowellen-Generator gearbeitet, dessen Strahlung über eine Hornantenne in einen Raum zerstreut wurde. Der Techniker pflegte stets die Antenne mit der Hand anzufassen, um nachzusehen, ob die Anlage ordnungsgemäß Energie erzeugte und sich deshalb warm anfühlte. Um die richtige Stelle zu finden, mußte er dabei jedesmal in die Antenne blicken. Die Leistungsdichte der Strahlung, die er auszuhalten hatte, belief sich nach Schätzungen des Betriebsarztes auf etwa 100 mW/cm². Dr. Hirsch schrieb deshalb in einem Schlußbericht, da es sich um einen von nichtionisierenden Strahlen verursachten Schaden handle, sollte man „den Fall als eine Mahnung an alle Augenärzte, Werksärzte und Radartechniker betrachten, wieder mehr das Augenmerk auf die den Mikrowellen innewohnenden Kräfte zu lenken, damit künftig mit dieser Form von Energie mit gehöriger Vorsicht und unter Beachtung ausreichender Schutzmaßnahmen umgegangen wird."

Im Jahre 1970, also fast zwanzig Jahre später, griff Dr. Hirsch als stellvertretender Direktor der Lovelace-Stiftung für medizinische Vorsorge und Forschung in Albuquerque, einer

Institution, die im Auftrag von Regierung und Streitkräften
speziell auf den Gebieten Biomedizin und Umweltschutz tätig
ist, seine damaligen Ausführungen wieder auf. Er rechnete die
Ergebnisse neu durch und gab bekannt, daß die Strahlung,
der damals sein Patient ausgesetzt war, in Wirklichkeit wesentlich stärker gewesen ist als ursprünglich angenommen worden
war; denn seinerzeit standen ihm verschiedene Daten, die der
militärischen Geheimhaltung unterlagen, noch nicht zur Verfügung. Wie Dr. Hirsch schon erwartet haben dürfte, fand
jetzt sein erster Krankenbericht, den er im Dezember 1952
in einem Fachblatt für Arbeitsmedizin veröffentlicht hatte,
wieder große Beachtung. Von verschiedenen Seiten wurde
nun die Besorgnis geäußert, außer den Augen und den Hoden
könnten sich auch einige andere Körperpartien mit relativ
geringer Durchblutung als besonders empfindlich gegen Mikrowellen erweisen, zum Beispiel der Magen-Darm-Trakt, die
Gallenblase sowie Nieren und Harntrakt. Mit dieser Frage befaßten sich neue Studien und Tierversuche. In den darauf-
folgenden Jahren bemühte sich eine ganze Reihe von verschiedenen Organisationen darum, einen Grenzwert zu finden,
der endlich festlegen sollte, welches Ausmaß von Strahlungsexposition als gefährlich einzustufen ist bzw. für unbedenk-
lich erklärt werden kann. Doch mangels Daten über die Strah-
lenabsorption der verschiedenen Organe und Körperteile des
Menschen liefen auch diese Bemühungen auf (in verschiedenen Zahlen ausgedrückte) Vermutungen hinaus.

1953 stimmten jedenfalls Wissenschaftler und Ärzte auf
einem Symposium des Marineinstituts für medizinische Forschung mit Dr. Hirsch darin überein, daß Leistungsdichten
um 100 mW/cm² zerstörend wirken. Im November des gleichen Jahres schlug deshalb ein Ingenieurteam der Bell-Telephongesellschaft eine Sicherheitsgrenze für die Strahlungsexposition vor, die bei 0,1 mW/cm² liegen sollte, einem
Tausendstel der Leistungsdichte, die bei Dr. Hirschs Patient
bleibende Schäden hervorgerufen hatte. Doch die General
Electric Company war anscheinend der Überzeugung, ihre
Mitarbeiter könnten eine zehnmal so hohe Mikrowellenbelastung aushalten wie die Leute von Bell; sie legte im Juni

1954 die Leistungsdichte 1 mW/cm² als angeblich noch unbedenkliches Niveau der Strahlungsintensität fest. Die Ursache dieser Konfusion liegt größtenteils darin, daß viele Bedingungen, die für die Strahlungsexposition von Menschen typisch sind, im Tierversuch nicht simulierbar waren. Alle in den Versuchsreihen gewonnenen Erkenntnisse über biologische und sonstige Effekte sind nur schwierig und ungenau auf die Verhältnisse beim Menschen zu übertragen. Wie zum Beispiel sollten die Resultate aus der Mikrowellenbestrahlung der Augen von Tieren, deren Köpfe notwendigerweise an einer Stelle fixiert bleiben mußten, genau umgedeutet werden auf einen sich frei bewegenden Radartechniker, nachdem doch bekannt ist, daß schon kleinste Veränderungen des Abstandes zwischen Strahlenquelle und Auge ganz bedeutende Unterschiede in der Ausdehnung und Stärke der Netzhauttrübung verursachen? – Für die Bemühungen um Schutzmaßnahmen gegen Schädigungen durch Mikrowellen war stets die Tatsache erschwerend, daß auf die Verwendung von Mikrowellen keinesfalls verzichtet werden könnte wie notfalls auf ein zu störanfälliges Kernkraftwerk. Denn Strahlen der hochfrequenten Radiowellenbereiche bilden die Hauptkomponente aller Radar- und Fernlenkwaffen-Systeme, auf denen die Verteidigungsstrategien der militärischen Machtblöcke aufgebaut sind. Noch dazu wurden diese Verteidigungskonzepte von Männern entworfen, die in den 50er Jahren sogar den Ausbruch eines Atomkrieges in Rechnung stellen mußten, um das Gleichgewicht des Schreckens zu erhalten; gegenüber derart schweren Bedrohungen erschienen den militärischen Dienststellen die Sorgen um biologische Auswirkungen von Mikrowellen als viel zu hoch bewertet. So verstrichen nach Dr. Hirschs erster Veröffentlichung reichlich fünf Jahre, bis sich die erste Waffengattung der US-Streitkräfte herbeiließ, wenigstens probeweise eine Gefahrengrenze für die Mikrowellenexposition durchzusetzen.

Im September 1955 trafen sich an der berühmten Mayo-Klinik in Rochester (Minnesota) Repräsentanten von Ärzteschaft, Militär, Forschungsinstituten und Industrie zu einem „Mikrowellen-Kongreß", aus dem nach Möglichkeit eine Regelung der Frage eines Sicherheitsstandards gegen Strahlungseinflüsse im Radiofrequenzbereich hervorgehen sollte. Doch den zahlreichen Referaten über neue Tierversuche, bei denen die Entwicklung von Grauem Star, Fieber und Strahlentod unter dem Einfluß von Mikrowellen untersucht wurde, war vor allem zu entnehmen, daß die beobachteten Ergebnisse für die menschliche Arbeitswelt kaum charakteristisch sein können. Zuviele Unterschiede bestünden zwischen Tier und Mensch — in der Größe, Konstitution und Behaarungsdichte; auch müßte noch eine Vielzahl von Einflußgrößen einheitlich berücksichtigt werden, damit auch nur die Meßergebnisse der Testserien untereinander vergleichbar würden. Schon eine leichte Luftbewegung könne kühlend wirken und so die Entwicklung einer Augentrübung aufhalten.

Angesichts dieses Dilemmas schlug Professor Hermann P. Schwan von der Universität Philadelphia die Größenordnung 10 mW/cm^2 als Pegel der höchstzulässigen Leistungsdichte vor. Er begründete diese Zahl mit theoretischen Überlegungen und eigenen Beobachtungen von Reaktionen des menschlichen Körpers gegenüber der Einwirkung von Mikrowellen. Seine Ausführungen waren überzeugend genug, eine Einigung auf die vorgeschlagene Sicherheitsgrenze herbeizuführen, die überdies gut zu einer klinischen Studie paßte, die dem Auditorium ebenfalls vorlag. Dieser Untersuchung zufolge waren bei 226 Radartechnikern der Lookheed-Flugzeugwerke in Burbanks (Kalifornien) keinerlei biologische Veränderungen festgestellt worden, nachdem sie jahrelang Strahlungen einer Leistungsdichte von maximal 13 mW/cm^2 ausgesetzt gewesen waren. Der Verfasser jener Studie, Dr. Charles I. Barron, erläuterte dazu, daß es im Vergleich mit 88 Personen einer mituntersuchten Kontrollgruppe, die niemals mehr als 1,6 mW/cm^2 Mikrowellenstrahlung auszuhalten hatte, bei den Radartechnikern sehr wohl einige bedenkliche Erscheinungen gegeben habe, die schwer zu erklären waren — vom Juckreiz und dem Hören vibrierender Summtöne bei S-Band-Frequenzen bis zu Kopf- und Augenschmerzen. Vor allem habe sich die Zahl der verschiedenen Arten weißer Blutkörperchen bei den Betroffenen ungewöhnlich verschoben: mit einer starken Verminderung der Zahl der Granulozyten ging eine Vermehrung der Monozyten und aller eosinophilen Blutzellen einher. Aber gleich zu Anfang seiner Ausführungen bedauerte Dr. Barron auch, daß die so problematischen Tierversuche, bei denen Mikrowellen Gesundheitsschäden hervorriefen, von der Presse aufgegriffen und hochgespielt würden. Daraufhin habe es in der Öffentlichkeit Mißverständnisse gegeben und unter dem Radar-Personal habe die Furcht vor Erkrankung um sich gegriffen. Diese Entwicklung habe den Anlaß für seine betriebliche Studie gegeben.

Auf die Häufigkeit von Augenleiden bei den untersuchten Technikern angesprochen, erklärte Dr. Barron, mit Ausnahme eines einzigen Mannes würden die betreffenden Leute in Kürze sämtlich eine andere Tätigkeit übernehmen, bei der keine Radarbelastung mehr vorkommt. War dies eine nötige Vorsichtsmaßnahme? – Daß alle während der Untersuchungen festgestellten Störungen fast die gleichen waren wie zehn Jahre zuvor bei dem schon besprochenen Marine-Vergleichstest, der doch bekannt war, beachteten weder Dr. Barron noch die versammelten Wissenschaftler. Alle waren offensichtlich interessiert an der Schlußfolgerung der Studie, derzufolge es unter der Einwirkung von Radarstrahlen unterhalb 13 mW/cm² Leistungsdichte keine Hinweise auf sich verschlimmernde Leiden gab. Jedenfalls kam es nach dem „Mayo-Kongreß" dazu, daß der 10 mW/cm²-Pegel Professor Schwans, der ausschließlich die Wärmewirkungen der Strahlen berücksichtigt, als ausreichende Grundlage für eine Sicherheits-Höchstgrenze für die andauernde Mikrowellen-Exposition des ganzen Körpers angesehen wurde. In den Jahren 1957/58 wurde diese Größe nach und nach von Heer, Kriegsmarine, Luftwaffe, Bell-Telephongesellschaft und General Electric Company als amerikanische Probe-Norm angenommen. Die von Dr. Barron erwähnten Blutveränderungen schrieb dieser selbst inzwischen einem Fehler seines Untersuchungslabors zu.

Mikrowellenforschung in
Ost und West

3. Der Beginn der Verschleierung

Ende der fünfziger Jahre gab es in der westlichen Welt Untersuchungen über biologische Wirkungen von Mikrowellen praktisch nur in den Vereinigten Staaten. Die Forschungen wurden dort entweder von der Armee durchgeführt oder aus dem Etat des Verteidigungsministeriums finanziert. Von 1957 bis 1961 lief unter der Federführung der amerikanischen Luftwaffe ein „Tri-Service-Programm", so genannt wegen der Beteiligung aller drei Waffengattungen. Durch Laborexperimente sollte dabei vor allem festgestellt werden, wie ohne Beeinträchtigung militärischer Operationen und zu geringstmöglichen Kosten Schutzmaßnahmen für Personen getroffen werden können, die im Umfeld von Mikrowellen ausstrahlenden Geräten arbeiten müssen.

Den Forschungsberichten nach zu urteilen, die auf den vier Jahreskonferenzen des Programms vorgetragen wurden, ist man an die Experimente mit der vorgefaßten Idee herangegangen, daß Mikrowelleneffekte eigentlich stets Ausdruck von thermischen Strahlungswirkungen seien. Als Folge davon ging es bei allen Bemühungen besonders darum, Daten zu sichern, welche die bereits angenommene Sicherheitsgrenze (Leistungsdichte 10 mW/cm² bei ständiger Strahlungsexposition des ganzen Körpers) erhärten konnten. Wieder waren die Tierversuche darauf abgestellt, mit Leistungsdichten von weit über 100 mW/cm² Wärme zu erzeugen, mit den eigentlich längst bekannten Folgen. Versuche, endlich herauszufinden, ob auch bei niedriger Leistungsdichte Wärmeschäden auftreten und ob rein biologische Effekte existieren, wurden nur ganz vereinzelt unternommen. Dabei hatte selbst Professor Schwan von Anfang an solche nichtthermischen Wirkungen keineswegs ausgeschlossen; er vertrat auch die Meinung, daß niemand seinen Körper länger als 1 Stunde pro Tag den von ihm als ungefährlich angesehenen 10-mW/cm²-Strahlungen aussetzen sollte. (Für den 8-Stunden-Tag wird inzwischen ein Maximum von Leistungsdichte 1 mW/m² „empfohlen", zumindest für zivile Betriebe.)

Zu den Ausnahmen von dem generellen Trend der Forschungsreihen gehörte eine Studie der Wissenschaftler des Marineforschungsinstituts, derzufolge zeitweilige Sterilität bei männlichen Versuchstieren auftreten könne, wenn ihre Keimdrüsen Mikrowellenstrahlungen mit der „geringen" Energiedichte 5 mW/cm² ausgesetzt werden. Und an einem Universitätsinstitut wurde festgestellt, daß Mikrowellen im Impulsbetrieb, wie er ja bei Radareinrichtungen notwendig ist, wohl auch durch nichtthermische Wirkung die Bildung von Grauem Star begünstigten; auch wurde darauf hingewiesen, bei häufiger Einwirkung von Strahlung geringer Leistungsdichte sei das Entstehen von Grauem Star als kumulativer Effekt zu befürchten. – Doch die zahlenden Auftraggeber nahmen einfach nur Untersuchungsergebnisse ernst, die keinen Zweifel an der Gültigkeit der willkürlichen 10-mW/cm²-Grenze aufkommen ließen, die als Probenorm eingeführt war. Nicht beachtet wurden zum Beispiel Berichte über nichtthermische Auswirkungen der Bestrahlungsversuche auf das innersekretorische Drüsensystem männlicher Ratten und die normale Entwicklung von Hühnerembryonen im Ei. Zu den Akten wanderten die Experimentalstudien, die elektrische Reizungen des zentralen Nervensystems und Abwehrreaktionen des Gamma-Globulins im Blutserum festgestellt hatten. Nur im Scherz, bei einem Vortrag während der 3. Jahreskonferenz des Tri-Service-Programms, wurde das Problem möglicher biologischer Strahlungseffekte einmal nicht ignoriert:

Der Betriebsarzt einer Elektronikfirma aus dem Staat New York schilderte die Verwirrung und den Verlust an Selbstbewußtsein bei den Arbeitern in einer Radar-Versuchswerkstätte, die er dort gegen Ende des 2. Weltkrieges erlebt hatte, als in kurzem Abstand 19 Mann aus der Arbeitsgruppe Vater wurden, und zwar sämtlich von Töchtern. Rasch war die Behauptung im Umlauf, wer den Radarimpulsstrahlungen ausgesetzt ist, könne keinen Sohn bekommen. Das Gerücht sei erst verstummt, als es der leitende Ingenieur der Mikrowellenabteilung zu Ohren bekommen hatte, der „daraufhin mit fliegenden Fahnen einen strammen Jungen zeugte". Die Geschichte sollte illustrieren, daß bei relativ neuen Techniken unqualifizierte Gerüchte immer wieder auftreten und in dem Radarwerk zeitweilig wirklich ein Problem darstellten. Die Mühe, der Ursache der Serie von 19 Mädchen-Geburten auf den Grund zu gehen, hat man sich nicht gemacht. Doch nach Bekanntwerden dieses Vorkommnisses trug die Elektronikgesellschaft sogleich dafür Sorge, daß ihre in dicht besiedelten Gebieten im Freien aufgestellten Radar-Einrichtungen mit Drahtnetzen abgeschirmt wurden, welche Mikrowellen reflektieren und zerstreuen. Eine Erklärung für diese plötzliche Maßnahme wurde nicht gegeben.

Bei der vierten und letzten Jahrestagung des US-Forschungsprogramms, 1960, zeigte sich in vollem Ausmaß, welch totale Immunität der militärisch-industrielle Interessenkomplex gegen jede Information entwickelt hatte, die den 10-mW-Sicherheitspegel hätte in Frage stellen können. Und das alles, obwohl schon bekannt war, in welch riesigem Ausmaß die Mikrowellentechnik in Kürze eingesetzt werden würde, um den Forderungen des Zeitalters der Weltraumfahrt zu genügen! Es war den Technikern klar, daß die gen Himmel gerichteten Sende- und Empfangsantennen sehr leicht Leckstrahlungen abgeben dürften, die sich für Menschen in der Umgebung als besonders schädlich erweisen könnten. Denn es war ein offenes Geheimnis, daß schon die Radaranlagen des bestehenden Raketen-Frühwarnsystems Leckstrahlungen verloren, deren Leistungsdichte den 10-mW-Pegel oft weit überschritt. Auch widersetzte sich die Marineführung energisch der Einhaltung des vorgeschriebenen Strahlungspegels, weil an Bord der Flugzeugträger auf dem Oberdeck eine viel höhere Strahlungsexposition gegeben war, deren Herabsetzung eine empfindliche Beschneidung der Funktionen der Schiffe bedeutet hätte. Es sickerte außerdem durch, daß man bei der Flotte scharf auf gestreute Radio- und Radarwellen achtete, weil diese möglicherweise einen vorzeitigen Raketenabschuß verursachen oder die nuklearen Sprengköpfe der Schiffsraketen zünden könnten.

Trotz solcher Enthüllungen wurde der 10-mW-Norm wieder der Vorzug gegeben, da sie zugleich sicher und technisch zweckmäßig sei. Begründung: „Die vierjährige Forschung hat keine Notwendigkeit für eine Änderung des bestehenden Sicherheitspegels ergeben." Außerdem sei der gleiche Pegel inzwischen von 14 Staaten übernommen worden, darunter alle Mitglieder der NATO. Ein Offizier, der gerade in London am 3. Kongreß für medizinische Elektronik teilgenommen hatte, verkündete, die sowjetischen Delegierten hätten ihn davon unterrichtet, man sei in Rußland zu ganz ähnlichen Forschungsergebnissen gekommen wie das Tri-Service-Programm.

Und so setzte sich in den Köpfen der meisten westlichen Forscher wieder die Vorstellung fest, jede Schadwirkung von Mikrowellenstrahlung müsse mit Erwärmungsvorgängen zusammenhängen. Die Weiterführung von Versuchen zur Feststellung rein biologischer Strahlungseffekte scheiterte in den USA am Fehlen staatlicher Finanzmittel. Für nahezu ein Jahrzehnt gab es in Bezug auf die Wirkungen schwächerer Mikrowellen offiziell keine Besorgnisse mehr; es machte sich eine Selbstzufriedenheit breit, die bei vielen Wissenschaftlern bis heute anhält, und zwar trotz der viel geringeren Grenzwerte, die nun bald aus einigen Ostblockstaaten bekannt wurden (vgl. Seiten 55 und 69).

Denn die erwähnte Information über russische Forschungen, die ein amerikanischer Kongreßteilnehmer in London im Gespräch mit sowjetischen Fachkollegen erhalten hatte, beruhte offensichtlich auf einem Mißverständnis. Wahrscheinlich war ein kleiner, aber entscheidender Übersetzungsfehler die Ursache dafür, daß die Größenordnung der Leistungs-dichte mit 10 mW/cm² verstanden und damit als der ameri-kanischen Norm entsprechend aufgefaßt worden war. Die sowjetische Sicherheitsnorm, die nun veröffentlicht wurde, gestattet nämlich für einen vollen Arbeitstag eine Exposition gegenüber Mikrowellenstrahlungen mit einer Leistungsdichte von nur 0,01 mW/cm², *einem Tausendstel* des amerikanisch-westeuropäischen Grenzwertes. Das sind, anstelle von 10 mW, nur 10 μW pro Quadratzentimeter; es waren also *Mikro*watt statt Milliwatt gemeint! Im Westen wurde die Veröffent-lichung eines solch niedrigen Sicherheitspegels zunächst als ein Versuch der Sowjets eingestuft, die Vereinigten Staaten in Verlegenheit zu bringen, die ja rund um den Erdball ihre strahlungsintensiven Radarsysteme aufgebaut hatten. Doch in der Folgezeit konnten sich Wissenschaftler aus aller Welt davon überzeugen, daß der russische Standardwert völlig sach-lich festgelegt worden war, und zwar aufgrund langjähriger Beobachtungen der Auswirkung von Mikrowellenstrahlung geringer Leistungsdichte auf das Zentralnervensystem von Menschen und Tieren. Schon seit dem Jahre 1933 hatten ohne Unterbrechung klinische Langzeituntersuchungen statt-gefunden. (Damals waren die ersten unerklärlichen Wirkun-gen mit Radiofrequenz strahlender Energie entdeckt worden, und zwar Störungen im Zentralnervensystem von Arbeitern einschlägiger Industriebetriebe.) Die sowjetischen Forscher erhielten während des 2. Weltkrieges ebenfalls aus dem Kreis der Radartechniker zahlreiche Klagen über Kopfschmerz, Au-genbeschwerden und übermäßige Ermüdung. Doch während zur gleichen Zeit in Amerika solche Erscheinungen als „sub-jektiv" abgetan wurden, hielt man in der Sowjetunion die An-gelegenheit für wichtig genug, mit vollem Einsatz die Unter-suchung der fraglichen Phänomene aufzunehmen. In den fünfziger Jahren veranlaßten die Institute für Arbeitshygiene und für den Schutz vor Berufskrankheiten bei der Akademie der medizinischen Wissenschaften in Moskau und Leningrad, das staatliche Institut für Physiotherapie sowie das Gorki-Institut, daß Tausende von Leuten, die an ihren Arbeits-plätzen mit Mikrowellen in Berührung kamen, sich intensiven klinischen Untersuchungen unterzogen. Das war zu einer Zeit, als es in den USA nur die Untersuchung der 226 Radar-Arbeiter der Lockheed-Werke gab. So hatte die Sowjetunion tatsächlich einen Informationsvorsprung, der für die Festlegung der 10-Mikrowatt-Grenze ausschlaggebend war. Nach und nach teilten die russischen Forscher in Fachveröffentlichungen mit, daß bei vielen Arbeitern, die trotz Kopf- und Augenschmerzen weiterhin im Mikrowellenstrahlungsbereich beschäftigt wurden, zusätzliche, teilweise recht tückische Gesundheitsbeeinträchtigungen eintraten: Herzflattern, Schwindelgefühl, Reizbarkeit, Depressionen, Einschränkung der geistigen Aufnahmefähigkeit, teilweiser Gedächtnisverlust, Haarausfall, Appetitlosigkeit und beginnende Schwermütigkeit. Wie die sowjetischen Forscher ferner feststellten, können Mikrowellenstrahlungen von niedriger Intensität außer solchen Störungen des zentralen Nervensystems auch den normalen Rhythmus der Gehirnströme verändern, die mit dem Elektroenzephalographen (EEG) aufgezeichnet werden. Mikrowellenstrahlungen h o h e r Intensität riefen vereinzelt Halluzinationen und andere Störungen des Wahrnehmungsvermögens hervor. Bei den für sowjetische Radartechniker eingeführten elektrokardiographischen Reihenuntersuchungen (EKG) stellte man auch zahlreiche anormale Veränderungen der Herzmuskelfunktion fest, darunter Bradykardie (Puls-Verlangsamung) und ungewöhnliche Schwankungen des Blutdrucks. Diese Erkenntnisse führten dazu, daß einige Wissenschaftler empfahlen, Personen mit Herzmuskelschäden müßten von Tätigkeiten befreit werden, die mit einer Exposition gegenüber mit Radiofrequenz schwingender Energie verbunden sind. Ähnlich wie in Amerika Dr. Barron, stellten auch sowjetische Forscher Verschiebungen in der Häufigkeit verschiedener weißer Blutkörperchen fest, dazu einige Veränderungen im Aufbau bestimmter Eiweißkörper des Blutes. Am meisten gefährdet waren aber auch bei den russischen Arbeitern die Augen. Allerdings konnte durch frühzeitige Sicherheitsmaßnahmen die Entwicklung von Grauem Star stets frühzeitig erkannt werden. Doch hat es noch andersgeartete Sehbehinderungen gegeben, die nach nur ganz geringer Strahlungseinwirkung auftraten: Erschwertes Erkennen weißer Objekte, falsche Beurteilung des Farbtones Blau. Die sowjetischen Arbeitsmediziner wandten sich bei der Untersuchung der Arbeiter, die im Mikrowellen-Strahlungsbereich beschäftigt waren, sogar solchen endokrinen Erscheinungen zu wie Schilddrüsenvergrößerung und -überfunktion sowie verminderte Milchabsonderung bei stillenden Müttern. Und auch in einer sowjetischen Quelle ist zu lesen, daß die männlichen Mitarbeiter von Radar-Versuchslabors unter ihren Kindern unverhältnismäßig häufiger Töchter hätten als ihre Kollegen in von Strahlung verschonten Betriebsteilen. Das könnte bedeuten, daß Mikrowellen diejenigen Spermien, die für männlichen Nachwuchs verantwortlich sind, irgendwie schädigen oder unbeweglicher machen.

In einem ersten grundlegenden Buch plädierte die führende sowjetische Fachautorin Dr. Zinaida V. Gordon schon im Jahre 1960 für eine äußerst strenge Handhabung der Schutzvorschriften, da energiereiche Hochfrequenzfelder ohne jeden Zweifel im menschlichen Organismus Spuren hinterlassen müßten. Daß solche Schutzvorschriften damals schon galten, zeigt das Datum einer Verordnung des Leiters des Staatlichen sowjetischen Gesundheitswesens: „Sicherheitsbestimmungen für Personen im Bereich von Mikrowellen-Generatoren", vom November 1958. Diese Bestimmungen enthalten keineswegs nur die Forderung, niemand dürfe an einem 8-Stunden-Tag einer größeren Strahlungsdosis als $10 \, \mu W/cm^2$ ausgesetzt werden, sondern es werden strikte Richtlinien zur Anwendung in der Praxis gegeben, vom Wortlaut der Verbotsschilder an Absperrungen bis zur Art der Schutzbrillen, die von einer Mikrowellenstrahlung mit Leistungsdichte $1 \, mW/cm^2$ an zu tragen sind. (Das sind alles Dinge, von denen man in Amerikas Radar-Fabriken kaum etwas gehört hat.) Es wird auch genau vorgeschrieben, daß Apparaturen, die mit Mikrowellen arbeiten, gesondert untergebracht werden müssen; also keinesfalls dort, wo noch andere Arbeiten ausgeführt werden. Auch die Richtung der Antennen solcher Generatoren muß stets so gewählt sein, daß das Bedienungspersonal geschützt ist, vor der Einwirkung von Leckstrahlungen (soweit möglich) und besonders vor dem Haupt-Funkstrahl des Senders. — Welcher Kontrast zu den Verhältnissen in den USA, wo in den meisten Radar-Laboratorien lange Zeit nichts dagegen unternommen wurde, daß jedermann kreuz und quer durch die stärksten Strahlenbündel lief! — Weitere russische Sicherheitsvorschriften ordnen an, daß die Strahlungsintensität regelmäßig, und zwar mindestens alle zwei Monate, überall zu messen ist, wo Mikrowellen-Geräte betrieben werden — auch in benachbarten Arbeitszonen und anschließenden Räumen, und zwar bei mit höchster Kraft arbeitendem Generator. Außerdem sind bei jeder Veränderung von Standort, Frequenz, Arbeitsbedingungen, Konstruktion des Gerätes usw. erneute Strahlungsmessungen zwingend vorgeschrieben.

So unglaublich das auch scheint: wenn man in den USA von neuen sowjetischen Erfindungen und Bestimmungen hört, löst das schwerlich ein so hohes Interesse aus, daß dadurch ein Anstoß für neue Forschungen gegeben würde. Auch die Berücksichtigung von biologischen Effekten der Mikrowellenstrahlungen in der sowjetischen Literatur und Praxis wurde von Gesundheitsbehörden und wissenschaftlichen Instituten des Westens nur mit Skepsis begrüßt, während Elektronik-Industrie und Armee sogar mißtrauische Ablehnung an den Tag legten. Eine der Ursachen für diese Reaktion ist vielleicht die sehr unterschiedliche Ausbildung der Biologen von Ost und West. Die sowjetischen Biologen wurden bekanntlich stark von den Theorien des Physiologen und Nobelpreisträgers von 1904 Iwan Petrowitsch Pawlow (1849–1936) beeinflußt, der die Rolle des menschlichen Zentralnervensystems als Kontrollinstrument des ganzen Organismus betonte. Es mag daher hier nahegelegen haben, Mikrowelleneffekte auch in Modifikationen des Funktionierens der Nerven zu suchen und zu erkennen. Amerikanische Naturwissenschaftler haben für Gemütsverfassung sowie alle nicht quantifizierbaren Daten weniger übrig; sie verlassen sich am liebsten auf Dinge, die beobachtet, gemessen und in Experimenten wiederholt werden können. Hinzu kommt, daß nicht nur auf Konferenzen, sondern auch bei Veröffentlichungen und Korrespondenz die Übersetzung von Berichten über russische

Experimente manchmal krasse Ungenauigkeiten enthält, und daß bestimmte Details der Untersuchungen häufig nicht bekanntgegeben werden. Besonders die Streitkräfte in aller Welt empfinden jede objektive Betrachtung über mögliche Gesundheitsschäden durch Mikrowellenstrahlung als unerwünscht, seit die Mikrowellentechnik das unentbehrliche Rückgrat jeder Angriffs- und Verteidigungsausrüstung darstellt. Das ist in Betracht zu ziehen, wenn man kritisiert, daß die amerikanische Armee fast um jeden Preis den 10-mW/cm² -Sicherheitsstandard schützt und im Namen der nationalen Sicherheit Nachrichten über schädliche Auswirkungen von Mikrowellenstrahlungen niedriger Leistungsdichte ignoriert, dementiert oder auch unterdrückt.

Aber im Jahre 1962 stürzte eine seltsame Entdeckung bei der Amerikanischen Botschaft in Moskau das Verteidigungsministerium der USA und die verschiedenen Geheimdienste sehr in Zweifel, ob Mikrowellen nicht doch für Schädigungen der Nerven und des Wohlbefindens verantwortlich sein könnten, auch wenn von thermischer Wirkung nichts zu spüren ist: Als damals einige Sicherheitsexperten eine elektronische Überprüfung des Moskauer Botschaftsgebäudes vornahmen, um eventuell versteckte Abhörvorrichtungen zu entdecken, bemerkten sie, daß die Russen von einem Haus über der Straße aus Mikrowellenstrahlen mit niedriger Intensität in die Botschaft richteten — wahrscheinlich schon seit längerer Zeit. (Solche Überprüfungsaktionen werden seit 1952 periodisch durchgeführt. Damals hatten Sicherheitsbeamte einige „Wanzen" in dem großen geschnitzten Wappenadler der Vereinigten Staaten entdeckt, welchen die Sowjetregierung anläßlich der Beendigung des 2. Weltkrieges dem US-Botschafter Harriman geschenkt hatte.) Zuerst war man der Meinung, die Mikrowellenbestrahlung hätte etwas mit den „normalen" Lauschaktionen zu tun, die alle Nationen gegeneinander durchzuführen pflegen. Doch bald war zu erkennen, daß hier zahlreiche verschiedene Frequenzen abwechselnd gebraucht wurden und daß die Strahlenbündel nach einem äußerst unregelmäßigen Muster fluktuierten, was nicht geeignet schien für das geheime Sammeln von Nachrichten. Mit der Zeit wurde die Suche nach dem Motiv für das russische Strahlenbombardement die Aufgabe verschiedener amerikanischer Sicherheitsdienste, einschließlich der 'Zentralen Nachrichten-Agentur' CIA. Die CIA-Beamten erfuhren nun verspätet, welch hohen Stand die sowjetische Forschung in Bezug auf die Wirkungen von Mikrowellen auf das menschliche Befinden erreicht hatte.

Aus Sicherheitsgründen wurde die ganze Untersuchung unter äußerster Geheimhaltung durchgeführt. Einzelheiten wurden in der üblichen Weise mit Decknamen bemäntelt. In den Berichten hieß die auf die Moskauer US-Botschaft gerichtete unregelmäßige Strahlung „das Moskauer Signal". Dessen Untersuchung nannte man „Unternehmen Pandora". Die Information über die Arbeit wurde auf strikter „Wer muß etwas wissen"-Basis nach Geheimnisträger-Klassen verteilt; die meisten Botschaftsangehörigen, die dauernd bestrahlt wurden, erfuhren von dieser Tatsache gar nichts. In Amerika erkundigten sich jedoch einige CIA-Agenten bei Wissenschaftlern, deren Engagement für die Mikrowellenforschung ihnen bekannt war, ob es vernünftig wäre, anzunehmen, daß auf Menschen gerichtete Mikrowellenstrahlungen auch aus einigen zehn Metern Entfernung noch das Gehirn schädigen und Verhaltensveränderungen verursachen könnten. Mehr wurde damals nicht bekannt.

Insgeheim ging aber das Verteidigungsministerium durch spezielle Forschungen weiter der Frage nach, inwieweit Mikrowellenstrahlung im Leistungsdichte-Bereich unter 1 mW/cm² biologisch wirksam sein könnte. Einige frühere sowjetische Tierversuche wurden nachvollzogen, um Aufschlüsse darüber zu erhalten, was von hochfrequenten Radiostrahlungen für das Zentralnervensystem zu befürchten ist. Und zur Zeit des Vietnam-Krieges liefen am Washingtoner Walter-Reed-Armeeforschungsinstitut über mehrere Jahre Versuche mit Rhesusaffen, welche man Mikrowellen aussetzte, die in Stärke und Frequenzen dem „Moskauer Signal" nachgebildet waren – offenbar, um auf das Motiv für die Bestrahlung des Botschaftsgebäudes zu kommen. Die Resultate werden allerdings als „nicht eindeutig" bezeichnet. Aber gleichartige Versuche, die von freien Forschungsinstituten seitdem unternommen worden sind, haben inzwischen demonstriert, daß Mikrowellen von sehr geringer Strahlungsintensität auf das Zentralnervensystem wie auf das Verhalten verschiedener Arten von Affen einen nachhaltigen Einfluß ausüben könne.

4. Der menschliche Faktor

Bei einem „Gipfeltreffen" der beiden Regierungschefs, das im Juni 1967 in Glassboro stattfand, forderte der damalige US-Präsident Johnson den sowjetischen Ministerpräsidenten Kossygin persönlich auf, die Bestrahlung der amerikanischen Botschaft in Moskau mit elektromagnetischen Wellen einstellen zu lassen.

Etwa um die gleiche Zeit wurden im amerikanischen Kongreß mehrere Gesetzesvorlagen eingebracht, wonach künftig elektronische Produkte aller Art so zu konstruieren und herzustellen sind, daß die Öffentlichkeit keiner Gesundheitsgefährdung ausgesetzt und die Sicherheit am Arbeitsplatz gewährleistet wird. Die Vorschläge waren das Ergebnis einer vielbeachteten Diskussion über die Tatsache, daß die General Electric Company 90 000 Farbfernsehgeräte zu einer Werksinspektion zurückgerufen hatte, weil aus einigen Hochfrequenzröhren gefährliche Röntgenstrahlen ins Freie gelangten. Damit war das Parlament erstmals mit den Gefahren ionisierender Strahlungen konfrontiert, die von Fernseh- und Röntgenapparaten sowie von in der Industrie benutzten künstlichen radioaktiven Stoffen ausgehen. Ein Senatskomitee hörte dazu 5 Tage lang zahlreiche Fachleute, und im Mai 1968 wurde beschlossen, die Messungen und Schutzmaßnahmen müßten sich auch auf nichtionisierende Strahlungen erstrecken.

Wie nicht anders zu erwarten, war in keinem der den Senatoren gegebenen Fachberichte eine Andeutung darüber enthalten, daß Verteidigungsministerium und CIA längst eingehend über die Möglichkeit unterrichtet waren, daß Mikrowellenstrahlung niedriger Intensität das menschliche Wohlbefinden beeinträchtigen kann. Im Gegenteil: Das Verteidigungsministerium schickte zwei hohe Offiziere von der Ingenieur- und Forschungsabteilung sowie je einen Stabsarzt von Marine, Luftwaffe und Armee, die dem Staat versicherten, die von den Streitkräften durchgeführten Forschungen über biologische Effekte von Mikrowellen seien umfassend genug gewesen, die 10-mW-Sicherheitsgrenze als ausreichend zu bestätigen. Niemand sei durch die militärischen Mikrowellenanlagen irgendwelchen schädlichen Einflüssen ausgesetzt gewesen. (Offenbar hatte den Herren auch niemand aus dem Ministerium einen Hinweis auf das Bestehen umfangreicher russischer Literatur über die Wirkungen von Mikrowellenstrahlungen geringer Intensität gegeben. Desgleichen wurde nicht daran gedacht, daß die amerikanische Luftwaffe selbst, in einem medizinischen Ratgeber vom Dezember 1965, unter der Überschrift „Ungeklärte Körperreaktionen auf Radar" in objektiver Weise mitgeteilt hatte: „Schmerzen oberhalb des Magens und/oder Erbrechen können gelegentlich schon als Folgen der Einwirkung von Strahlungsleistungsdichten zwischen 5 und 10 mW/cm² auftreten.")

Der einzige Forscher, der in den 5 Sitzungstagen direkt auf die sowjetischen Erkenntnisse Bezug nahm, war Professor C. Susskind von der Berkeley-Universität. Er erläuterte dem Komitee, daß sich die amerikanischen Wissenschaftler leider kaum um die nichtthermischen Effekte von Mikrowellen Besorgnisse machen, obwohl sie es anders wissen müßten. Wörtlich stellt er fest: „Wir können nicht gut über einen wichtigen Teil fundierter wissenschaftlicher Literatur hinweggehen, bloß weil er russischer Herkunft ist." Es sei vielmehr notwendig, durch Wiederholung der in der Sowjetunion durchgeführten Experimente zu klären, ob die von den Russen gezogenen Schlußfolgerungen zutreffen oder vielleicht zu widerlegen sind. Denn nachdem sich nach und nach die Gefährlichkeit ionisierender Strahlungen herausgestellt hat, wäre es nicht überraschend, wenn nun auch die nichtionisierende Strahlung bei zunehmender Anwendung als vielleicht noch beunruhigenderes Problem erkannt würde. – Professor Susskind hatte für seine Ansicht gute Gründe, denn sieben Jahre zuvor hatte er für die Luftwaffe Tierversuche durchgeführt, deren Ergebnis dringend nach weiteren Forschungen verlangte. Unter anderem waren länger als ein Jahr 200 männliche weiße Mäuse tagtäglich 4 1/2 Minuten lang der Strahlung eines X-Band-Radarsenders (Leistungsdichte rund 100 mW/cm^2) ausgesetzt worden. Die normale Lebensdauer der Tiere schien darunter nicht zu leiden; sie entsprach der bei einer gleichgroßen Kontrollgruppe, die unter normalen Lebensbedingungen gehalten wurde. Nach der Autopsie der gestorbenen Tiere zeigte sich dann, daß bei den bestrahlten Mäusen fünfmal so viele Fälle von Keimdrüsendegeneration vorkamen wie bei den Kontrolltieren. Noch alarmierender erschien es aber, daß Leukämie in zwei verschiedenen Formen, also Blutkrebs, unter Radareinfluß ebenfalls häufiger war: 35 % (70 von 200 Tieren) waren erkrankt, gegenüber 10 % (also 20 Exemplaren) bei der Vergleichsgruppe.

Während die meisten Gutachten, die dem Senatskomitee vorgetragen wurden, die 10-mW-Grenze unterstützen, sorgten einige weitere gewichtige Stimmen dafür, daß die Abgeordneten ein Bild von der eigentlich bestehenden Unsicherheit auf dem Gebiet gewinnen konnten. Das vielleicht überraschendste Beispiel für eine verantwortungsvolle, objektive Betrachtungsweise gab Professor Schwan, der bekanntlich auf dem ,,Mayo-Kongreß" 1955 den 10-mW-Pegel selbst vorgeschlagen hatte und jetzt Vorsitzender des amerikanischen Normenausschusses für Radiofrequenz-Strahlungen war, einer von Industrie und Bundesregierung getragenen Organisation, die im Jahre 1966 die Annahme der verbreiteten 10-mW/cm^2-Grenze als offiziellen Standard empfohlen hatte. Ausgerechnet Professor Schwan erklärte nun, es seien noch umfangreiche Forschungen nötig, wenn man entscheiden wolle, ob lange anhaltende oder häufige Exposition des Körpers gegenüber Mikrowellenstrahlungen niedriger Intensität harmlos sei oder nicht, ob der gleiche Sicherheitspegel für Erwachsene und Kinder gelte, ob die Mikrowellen mit dem Zellgewebe auf mikroskopisch erkennbare Weise oder auf Molekularebene reagieren und ob sie tatsächlich die Ursache für Erbschäden und für Einschränkungen der Funktionen des Nervensystems sein können. Ferner betonte Professor Schwan, daß Forscher, die Informationen über Mikrowellenschäden in Betrieben zu erlangen suchen, in zunehmendem Maße bei den Unternehmern eine Abfuhr erhielten, entsprechend der bedauerlichen Tendenz, die auch weite Teile des Militärs und der Industrie beherrsche: nämlich die Möglichkeit von Mikrowellenschäden zu leugnen, um gesetzliche Auflagen und Entschädigungsansprüche zu vermeiden. Im übrigen sei der 10-mW-Standard lediglich das beste, was man aufgrund des vorhandenen Kenntnisstandes formulieren konnte. Man habe ihn „ins unreine festgelegt" und nicht verhindern wollen, daß später nötige Verfeinerungen vorgenommen werden! Daß die 10-mW-Grenze keinerlei Rücksicht auf die Frequenz der Strahlung nimmt, sei schon ein Grund zur kritischen Nachprüfung. Denn inzwischen ist davon auszugehen, daß die Wirkungen von Leistungsdichte und Frequenz korrekterweise gemeinsam betrachtet werden müßten – zum Beispiel, weil elektromagnetische Wellen mit niedriger Frequenz viel tiefer in den Körper eindringen und ihn viel spürbarer erwärmen als höherfrequente Strahlen. Bei komplexen magnetischen Feldern werde der Standard sowieso bedeutungslos, weil irreguläre Streustrahlungen in der Umgebung von Mikrowellengeneratoren die Intensität der Gesamtstrahlung oft in nicht vorhersagbarer Weise erhöhen. Das gelte übrigens auch für die Mikrowellenherde im Haushalt. Ohne weiteres könne eine Hausfrau dadurch, daß sie Tag für Tag vor einem unsichtbaren Strahlenleck ihres Kochgerätes steht, einen Strahlungsschaden im Unterleib erleiden, und wenn der Ofen in Gesichtshöhe angebracht ist, dann könne sie möglicherweise erblinden.

Diese Aussagen machten auf das Senatskomitee den nachhaltigsten Eindruck, denn kurz vorher hatte eine Untersuchung von Mikrowellen-Haushaltgeräten in Washington und zwei Bundesstaaten gezeigt, daß aus den Koch-, Auftau- und Grillgeräten auch bei geschlossener Tür ein Sechstel bis ein Viertel mehr an Strahlungsintensität frei wird, als die von der Herdindustrie ebenfalls übernommene Sicherheitsgrenze von

10 mW/cm² vorschreibt. Bei einem Warentest mußten von
30 Mikrowellenöfen allein 24 als zu gefährlich ausgeschieden
werden. Die Leckstrahlungen reichten bis hinauf zu
20 mW/cm². Nach der Senatskomitee-Anhörung, in der das
jetzt alles zur Sprache kam, brach eine recht bittere Kontroverse zwischen Wissenschaft und Industrie über die Sicherheit
des Kochens mit Mikrowellen aus. Sie dauert in den USA
noch immer an. Der größte Hersteller von Mikrowellenanlagen, die Raytheon-Company, die auch Gewerbebetriebe
und Kantinen mit großen Koch- und Trocknungseinrichtungen
beliefert, beteuerte gegenüber dem Komitee, die Geräte der
Firma seien mit Sicherheitsreserven versehen, und außerdem
sei es „auf jeden Fall klar, daß Mikrowellen im Gegensatz
zu Röntgenstrahlen *keine kumulative Wirkung* entfalten".
Dagegen schrieb ein bekannter Universitätsprofessor an das
Komitee: „Wir haben einwandfrei bewiesen, daß Mikrowellen, die auf die Augen treffen, folgende schädliche Wirkung haben: mehrfache kurze Bestrahlungen, die einzeln
nicht schmerzhaft sind und anfangs keine Folgen zeigen, führen bei häufiger Wiederholung zu einem dauernden Augenleiden. Also ist mit dieser (nichtionisierenden) Strahlung ein *gefährlicher kumulativer Effekt* verbunden."

Angesichts der lückenhaften, einander oft widersprechenden Aussagen vertiefte sich der Kongreß nicht noch mehr in
das enorm komplexe, so lange unbeachtet gebliebene Gebiet,
sondern erließ ein Rahmengesetz für die Strahlungskontrolle,
das im wesentlichen den Minister für Gesundheit, Erziehung
und Wohlfahrt ermächtigte, die Forschung auf dem Gebiet
der Strahlungsgefährdung zu koordinieren und in einem breit
angelegten Programm zu fördern. Ferner sollten Normen entwickelt und verbindlich vorgeschrieben werden, welche die
unnütze Emission von Röntgenstrahlen und anderen elektromagnetischen Wellen aus elektronischen Geräten auf ein Mini-
mum beschränken. Keinerlei Bedingungen enthält das Gesetz
über die Erarbeitung und Durchsetzung von Normen, die nicht
nur den einzelnen Verbraucher vor Strahlungen aus seinen
Geräten schützen, sondern auch die allgemeine Bevölkerung,
die überall ahnungslos Mikrowellen- und anderen nichtioni-

sierenden Strahlungen ausgesetzt ist. Es wird auch keine verantwortliche Stelle genannt, die Emissions-Standards für elektronische Anlagen erlassen könnte, welche der größte aller Einzelnutzer von Mikrowellen betreibt, nämlich der Staat. Wie sehr darin dem Kongreß die Hände gebunden waren, geht klar aus einem Schreiben hervor, welches dem Vorsitzenden des Senatskomitees am 5. Juni 1968 aus dem Verteidigungsministerium zuging. Darin steht unter anderem:

Es ist selbstverständlich, daß die Entwicklung von Normen zum Schutz der Öffentlichkeit vor Gesundheitsschäden den Gebrauch von technischen Einrichtungen wie Radar, Richtfunkantennen und -sendern etc., die ja dafür gebaut sind, große Mengen elektromagnetischer Strahlen auszusenden, nicht ausschließen wird. Die Nutzung solcher Anlagen ist oft lebenswichtig für die Verteidigungsbereitschaft des Landes. . . Sollten Standards ausgearbeitet werden, welche den Einsatz von derartigen Anlagen beeinträchtigen könnten, so sind letztere natürlich zum Gegenstand von Ausnahmebestimmungen zu machen.

Mit der Verantwortung für die administrative Bearbeitung des Strahlenschutz-Rahmengesetzes wurde das Büro für Strahlenschutz bei der Umweltschutz-Kontrollbehörde betraut. Es schickte sich pflichtgemäß an, Leistungs- und Emissionsnormen für Fernsehgeräte, Mikrowellenherde, Röntgendiagnose-Apparate und bestimmte, in Schulräumen verwendete Elektronenröhren herauszugeben. Das war zwar eine notwendige Arbeit, doch war es schwerlich möglich, auf diese Weise auch die Bewältigung der realen Dimension der Mikrowellengefahr in Angriff zu nehmen. Die Menge von Personen, die einer übermäßigen Belastung durch hochfrequente Radiostrahlung ausgesetzt ist, ist ohnehin zahlenmäßig nicht bekannt, so daß nur großzügige, allgemeine Maßnahmen zum Erfolg führen könnten, vergleichbar den Vorkehrungen, die in manchen Ländern zur Erhaltung der Natur getroffen wurden.

So lief das Rahmengesetz von 1968, *Radiation Control for Health and Safety Act* genannt, infolge der einseitigen

Ausrichtung auf kleine Strahlungsquellen und vieler anderer Einschränkungen auf nichts anderes hinaus als eine Erlaubnis, mit der seit dem Ende des 2. Weltkrieges wild wuchernden Ausbreitung von Mikrowellen-Großanlagen unvermindert fortzufahren.

Einer der wirkungsvollsten Beiträge des Büros für Strahlenschutz zu dem Bemühen, dennoch etwas zu erreichen, war der Vorschlag zur Abhaltung des dreitägigen Symposiums über „Biologische Wirkungen und Gesundheitsschäden infolge Mikrowellenbestrahlung", das im September 1969 in Richmond stattfand. Zum ersten Mal seit 1960 kamen dort die führenden Mikrowellen-Spezialisten wieder zusammen und konnten über ihre Forschungsarbeiten diskutieren. Bei der Aufarbeitung des in der neunjährigen Zwischenzeit angestauten Stoffs zeigte sich, daß viele unabhängige Wissenschaftler auch in den USA nicht länger an der Idee festhielten, ernsthafte Beschwerden aufgrund von Mikrowellen-Einwirkung könnten nur thermisch bedingt sein. Der Ruf nach zusätzlichen Forschungen — im Sinne der Ausführungen, die Professor Schwan vor dem Senatskomitee gemacht hatte — wurde nun unüberhörbar. Gegenüber den Forschern, die noch immer nichts von der Möglichkeit nichtthermischer Effekte und schädlicher Wirkungen von Mikrowellenstrahlungen niedriger Intensität wissen wollten, zeichnete sich eine deutliche Kluft ab. Einige von ihnen mußten sich den Vorwurf gefallen lassen, sie könnten sich nur deshalb nicht von der alten Anschauungsweise trennen, weil ihre Forschungen von der Armee oder der Elektronik-Industrie finanziert würden. — Die Lage erinnerte an die Meinungsverschiedenheiten unter den Atomphysikern und Energiepolitikern wegen des Ausbaus der Kernkraftnutzung; dort spielt die „Lobby" der Elektrizitätswirtschaft eine ähnliche Rolle wie die Interessenvertreter der Elektronik-Industrie in der Strahlenforschung.

Dieses Nebeneinander gegensätzlicher Auffassungen zeigte sich auch in der Einstellung gegenüber der sowjetischen wissenschaftlichen Literatur zum Thema Mikrowelleneffekte. Sie reichte von pauschaler Ablehnung über Zweifel an der Richtigkeit der Forschungsmethoden bis zu dem Appell eines der Vortragenden an die Tagungsteilnehmer, die russischen Kollegen endlich als gleichwertige und integre Wissenschaftler anzuerkennen und bei weiteren Forschungen die Ergebnisse sowjetischer Untersuchungen nicht länger unbeachtet zu lassen. Dabei erinnerte der Redner daran, daß früher auch die sowjetischen Auffassungen über die Wirkung geringer Dosen von Röntgen- und anderen ionisierenden Strahlen in Amerika zuerst lächerlich gemacht worden waren, später aber als richtig anerkannt werden mußten.

Wenn auch sowjetische Wissenschaftler der Einladung zu dem Symposium nicht hatten Folge leisten können, so war doch in Richmond Dr. Karel Marha zur Stelle, Leiter der Abteilung Hochfrequenzen am Institut für Betriebshygiene und Berufskrankheiten in Prag. Er konnte über die Forschungen in der Tschechoslowakei unter anderem berichten, daß die Mitarbeiter seiner Abteilung über 200 Arbeitsplätze besucht und untersucht haben, an denen mit Mikrowellen gearbeitet wird, darunter Radarstationen und Rundfunksender. Überall waren sie bei den Arbeitern auf neurologische Beschwerden sehr unterschiedlicher Art gestoßen, von Augenschmerzen bis zu Schwindelgefühl bei längerem Stehen und erheblichen Schlafstörungen. In etlichen Fällen sei festgestellt worden, daß solche Effekte auf Strahlungen mit Leistungsdichten von nur 0,1 mW/cm² zurückzuführen waren − einem Hundertstel des amerikanischen Sicherheitsgrenzwerts. Da man die kumulative Wirkung als erwiesen ansehe, habe man in der CSSR den Grenzwert sicherheitshalber noch um den Faktor 10 erniedrigt, nämlich auf 0,01 mW/cm² für achtstündige tägliche Strahlungsexposition bei Impulsbetrieb festgelegt. Das entspricht der in der Sowjetunion maximal zulässigen mittleren Leistungsdichte. An Arbeitsplätzen, an denen der genannte Sicherheitswert überschritten wird, ist nur Teilzeitbeschäftigung (Schichtbetrieb) gestattet; schwangere Frauen sind grundsätzlich von der Tätigkeit an solchen Arbeitsplätzen befreit.

Außerdem differenziert man in der Tschechoslowakei (und in der DDR) auch noch zwischen Mikrowellen-Impulsbetrieb, der für die Radartechnik typisch ist, und dem für viele ther-

Grenzwerte der maximal zulässigen mittleren Leistungsdichte für die Exposition gegenüber Mikrowellenstrahlungen, die 1969 für verschiedene Länder verbindlich waren. (Seitdem keine neuen Festlegungen) Die amerikanischen Grenzwerte gehen davon aus, daß thermische Wirkungen vermieden werden müssen. Die für die UdSSR und Osteuropa geltenden Werte unterscheiden sich von den amerikanischen um bis zu drei Größenordnungen, da sie auch die möglichen athermischen Wirkungen der Mikrowellen ausschließen sollen. Doch auch hier sind z. B. die Abweichungen zwischen den tschechischen Normen und denen der DDR recht beachtlich.

Dauer der Mikro-wellen-Exposition pro Tag (Einwirkungszeit)	Maximal zulässige mittlere Leistungsdichte in mW/cm^2				Differen-zierung:
	USA	UdSSR, Polen	CSSR	DDR *)	Betriebsweise
Ganztägig, in Osteuropa: 8 Stunden maximal	10,0 **)	0,01	0,025	0,1	Dauerstrich
			0,01	0,05	Impuls
Bis 3 Stunden (UdSSR: bis 2 Stunden)	10,0	0,1	0,065	0,5	Dauerstrich
			0,025	0,25	Impuls
Bis zu 20 Minuten	10,0	1,0	0,2	1,0	Dauerstrich
			0,08	0,5	Impuls

*) Genormt im DDR-Standard TGL 22 314/Mikrowellen, Januar 1969 (Entsprechende DIN-Normen gibt es bisher nicht.)
**) In Betrieben gilt die Empfehlung: Bei längerem täglichen Aufenthalt des Beschäftigten möglichst < 1,0 mW/cm^2

Unterschiedliche *Abgrenzungen des Mikrowellenbereichs* im elektromagnetischen Spektrum sind in der Literatur häufig. Von der nachstehend angeführten Bandbreite sind Abweichungen sowohl in Richtung der niedrigeren Frequenzen (Kurzwellen, bzw. UKW) als auch in Richtung zur höherfrequenten Strahlung, also Infrarot, anzutreffen; vgl. Seite 37. *Maßgeblich* für die obenstehende Tabelle ist der definierte Frequenzbereich von 0,3 Gigahertz (= 333 MHz; Wellenlänge 0,9 m = 9 Dezimeter) bis 300 Gigahertz (= 300 000 MHz; Wellenlänge 0,001 m = 1 mm).

mische Arbeitsverfahren in der Industrie, für Mikrowellenherde und Diathermiegeräte verwendeten Dauerstrichbetrieb, der wesentlich geringere Belastungen als Impulsbetrieb mit sich bringt. – Die Übersicht (Seite 69) zeigt, welch große Unterschiede zwischen den osteuropäischen und den amerikanischen Sicherheitsstandards im Jahre 1969 bestanden.

Die Gründe, die in der Tschechoslowakei zu so drastischen Strahlenschutzmaßnahmen geführt haben, erläutert Dr. Marha übrigens ausführlich in seinem Buch „Elektromagnetische Felder und ihr Einfluß auf die lebendige Umwelt". Der Verfasser hofft, daß die englischsprachige Ausgabe des Werkes von allen, die es angeht, gelesen worden ist. Denn im Kapitel über biologische Effekte von Mikrowellenstrahlungen, die es zu verhindern gilt, werden unter anderem aufgezählt:

- Ausbreitung von Veränderungen bei der Fortpflanzung (schon unter dem Einfluß von Radiowellen niedrigerer Frequenz): sinkende Fruchtbarkeit, Sterilität, Ansteigen der Zahl von Mädchen-Geburten;
- Anstieg der Zahl von Fehlgeburten und von Mißbildungen bei Neugeborenen, z. B. nach Mikrowellen-Therapie im Frühstadium der Schwangerschaft;
- Senkung der Lebenserwartung bei Kindern, die im Mutterleib Mikrowellen ausgesetzt waren.

Auf dem Symposium in Richmond verteidigte sich Dr. Marha leidenschaftlich, als ihm seitens verschiedener amerikanischer Kollegen hartnäckige Kritik entgegenschlug. Auf den Einwand, wir Menschen seien doch noch viel schlimmeren Umwelteinflüssen ausgesetzt, so daß es nicht nötig gewesen sei, den Grenzwert für die Strahlungs-Leistungsdichte gleich um den Faktor 10 niedriger anzusetzen als den Wert, bei dem noch ein geringer Schaden beobachtet wurde, meinte der tschechische Forscher: „Diese Frage zeigt den großen Unterschied in der Denkweise der Wissenschaftler aus Ost und West. *Unser* Bestreben ist es, nicht nur Schäden zu verhüten, sondern von den Leuten selbst geringstes Unbehagen fernzuhalten."

Indem er so den menschlichen Faktor in den Mittelpunkt stellte, wies Dr. Marha auf den tatsächlichen größten Mangel hin, den die Mikrowellenforschung in den Vereinigten Staaten aufzuweisen hat. Denn innerhalb von mehr als 25 Jahren wurden hier unzählige Hunde, Katzen, Kaninchen, Ratten und andere Versuchtiere bestrahlt (oder, wie manche amerikanischen Wissenschaftler es nennen: hingemordet); mit Mikrowellen der verschiedensten Frequenzen und Intensität wurde ihnen Blindheit, Sterilität, künstlicher Schlaf, Fieber, Gehirnzerstörung und Tod zugefügt — alles mit der Absicht, aus den Beobachtungen einmal einen wirksamen Sicherheitsstandard für die Strahlungsexposition des Menschen abzuleiten. Doch eine breitangelegte Untersuchung der Personengruppen, die tagtäglich bei ihrer Arbeit der Einwirkung von Mikrowellen ausgesetzt sind, wurde seltsamerweise nie vorgesehen. Man begnügte sich hier mit der Beobachtung der Fälle mit Augenbeschwerden. Die biologischen Effekte wurden ausgerechnet in einer Zeit ignoriert, in welcher Bedeutung und Anwendung von Mikrowellen für Wirtschaft und Armee immerzu anwuchsen.

Doch unter den Teilnehmern des Symposiums von Richmond waren bereits viele Wissenschaftler, die sich fest dazu entschlossen hatten, auf a l l e Wirkungen zu achten, die durch Mikrowellenstrahlung bei Personen auftreten. Dazu gehört auch, daß Mikrowellen der Frequenzen zwischen 330 und 3 000 Megahertz, die bei Radar, Fernsehen, Kurzwellenfunk, Richtfunktelephonie und Mikrowellenöfen benutzt werden, sich unter Umständen als *hörbar* erwiesen haben. Schon während des 2. Weltkrieges hatten Angehörige von Radar-Bedienungsmannschaften den pulsierenden Mikrowellenstrahl als leises „zip—zip—zip"-Geräusch vernommen; aber die Fachleute erklärten die Wahrnehmung damals für Sinnestäuschungen und ließen die Betreffenden psychiatrisch untersuchen. Erst Anfang der sechziger Jahre wurde das Phänomen von einem einzelnen amerikanischen Biologen nachgewiesen, Dr. Frey vom privaten Forschungsinstitut Randomline. Dabei zeigte sich, daß das Geräusch je nach Impulsabstand als Brummen, Pfeifen, Zischen, Ticken oder Klappern empfunden wurde, und zwar bei ganz verschiedener Leistungsdichte und noch 100 Meter weit weg von der Sendeantenne. Es wirkte aber, als käme es nicht von weitem, sondern von einem Punkt in geringer Entfernung von der Mitte des Hinterkopfes – und wurde auch von Leuten vernommen, die fast taub waren oder denen man die Augen verbunden hatte. Offensichtlich hatte die Empfindung überhaupt nichts mit akustischen Luftschallwellen zu tun; sie war also eigentlich kein „Hören". – Dr. Allan H. Frey wurde durch diese Untersuchungen ein Pionier der Erforschung von Mikrowelleneffekten, die das Nervensystem treffen. In Versuchen mit Tieren und Radarpersonal bewies er, daß die Töne der Radarstrahlen keineswegs durch mechanische Vibration von Gebiß, Trommelfell, Knochen, Muskeln oder Kopfhaut an das Ohr weitergeleitet werden. Und da aus der sowjetischen Literatur bekannt war, daß Mikrowellenfrequenzen, welche die nun beobachteten Geräusche hervorriefen, auch direkt ins Gehirn dringen können, besonders über das Schädeldach, beschloß Dr. Frey, zu untersuchen, ob die Wellen das Nervengewebe des Gehirns möglicherweise direkt reizen. Dazu pflanzte er Elektroden in Katzengehirne und begann, die Gehirnströme anhand der Lichtspuren auf einem Oszillographen zu beobachten. Dann bestrahlte er die Köpfe der Versuchstiere mit Mikrowellen-Impulsen einer Intensität von nur 0,03 mW/cm² (also 30 Mikrowatt) – einer Leistungsdichte, die nahezu 350mal geringer ist als der 10 mW-Standard. Und dabei zeigten die Ausschläge der Lichtbänder auf dem Sichtschirm unmißverständlich und eindeutig an, daß das Gehirn – einschließlich dem Hypothalamus mit seinen dem vegetativen Nervensystem übergeordneten Zentren*) – sehr stark auf die Reizung durch Mikrowellenenergie reagierte.

Dr. Frey vervollständigte seine Untersuchungen noch durch Experimente an Frosch-Herzen. Dabei entdeckte er eine weitere, wichtige Einzelheit: wenn er die Mikrowellen-Im-

*) Der Hypothalamus ist ein Teil des Zwischenhirns, der unter dem sogenannten Sehhügel liegt. Von hier aus werden die wichtigsten Regulationsvorgänge des Organismus geleitet: Schlaf, Blutdruck, Atmung, Wärmeregulation, Schweißsekretion, Geschlechtsfunktionen u. a.

4. Der menschliche Faktor

pulse der auf die Versuchstiere gerichteten Strahlung mit dem Herzschlagrhythmus synchronisierte, konnte er zunächst den Herzschlag verändern, dann aber auch das Herz völlig zum Stillstand bringen.

Dank dieses Einsatzes für die Klärung biologischer Strahlungswirkungen genoß Dr. Frey beim Symposium in Richmond den besonderen Respekt seiner Kollegen. Doch das hinderte ihn nicht daran, die meisten von ihnen wegen ihrer Engstirnigkeit und der einseitigen Art ihrer Forschungsarbeit anzugreifen. Frey rief das Auditorium dazu auf, das mathematische Kalkül zu vergessen, wonach längst bewiesen sei, daß Mikrowellen den Nerven nichts anhaben könnten. Alle müßten vielmehr erkennen, wie wenig im Grunde über das Funktionieren der Nervenzentren bekannt sei, und wie wenig man also auch gültige Aussagen über den Zusammenhang zwischen Radiofrequenzstrahlungen und den Funktionen des menschlichen Körpers machen könne. Und er sagte abschließend etwas, was bisher noch kein amerikanischer Mikrowellenforscher öffentlich geäußert hatte: „Ich habe meine Versuche aus ethischen Gründen nicht an Menschen durchgeführt; denn ich habe schon z u v i e l g e s e h e n. Ich selbst vermeide es sorgfältig, mich unsichtbaren, hochfrequenten elektromagnetischen Wellen auszusetzen. Ich glaube deshalb nicht, daß ich bei meinen Versuchen Leute in den Wirkungsbereich elektromagnetischer Felder lassen, also der Strahlung aussetzen, und ihnen ehrlich dazu erklären könnte, die Sache sei für sie auch nur im geringsten sicher."

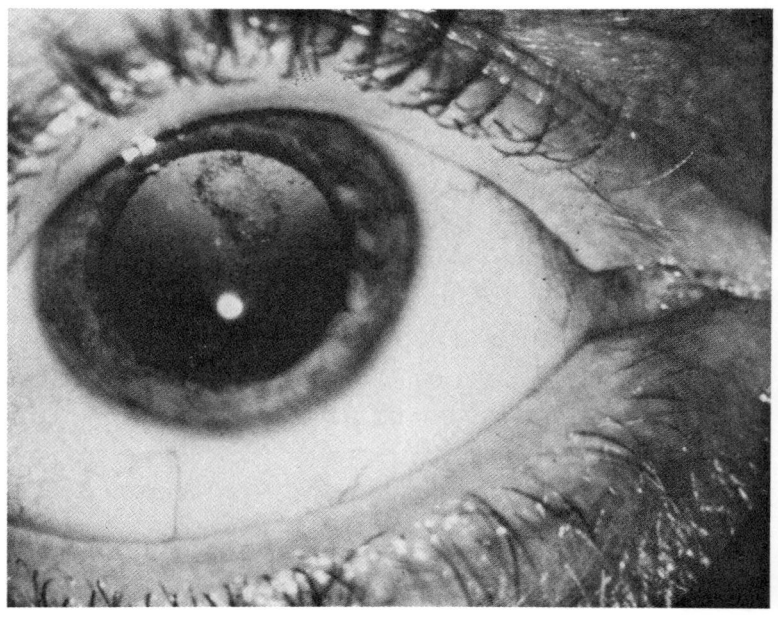

Einseitige Entwicklung von Grauem Star bei einem amerikanischen Mikrowellen-
techniker. Im vorliegenden Stadium der Erkrankung zeigen sich auf der hinteren
Kapsel des rechten Auges Ansammlungen flüssigkeitsgefüllter Bläschen (Aufnahme
von Milton Zaret).

74

Im Widerstreit der Meinungen

5. Grauer Star – durch Mikrowellen

Zu einer umstrittenen Schlüsselfigur bei der Entwirrung des in Amerika herrschenden Durcheinanders von Meinungen über die biologischen Wirkungen von Mikrowellen wurde der Augenarzt Dr. Milton M. Zaret, der auch als außerordentlicher Professor am *Bellevue Medical Center* der Universität von New York wirkte. Im Rahmen des im 3. Kapitel besprochenen Tri-Service-Programms der Streitkräfte wurde er 1959 erstmals mit der Frage konfrontiert, ob und wie sich hochfrequente Radiowellen schädlich auf die Augen auswirken können. Zur Erklärung von Linsendefekten und evtl. Feststellung beginnender Starerkrankungen hatte er Augenuntersuchungen bei Radar-Technikern und Fabrikarbeitern durchzuführen, die in militärischen Einrichtungen oder in der Rüstungsindustrie laufend mit Mikrowellenstrahlungen zu tun hatten. Offiziell bekannt waren bis dahin nur der „Wärmestar" (sogenannte Glasbläser-Krankheit), der von zu heftiger Infrarotstrahlung hervorgerufen wird, und der 1951/52 von Dr. Hirsch behandelte Einzelfall, bei dem Mikrowelleneinwirkung als Ursache für Grauen Star nachgewiesen worden war (vgl. Seite 46). Die Tierversuche, bei denen Grauer Star durch hohe Dosen intensiver Mikrowellenbestrahlung entstand, schienen bekanntlich zu wenig charakteristisch zu sein, um sie zum Vergleich mit den Verhältnissen in der Arbeits-

welt heranziehen zu können. Der von der Luftwaffe finan-
zierte Auftrag bedeutete für Dr. Zaret den Beginn einer langen
„Forschungsreise", nach der er schließlich zu der Erkenntnis
gelangte, daß Strahlungen im Frequenzbereich von Mikrowellen und kürzeren Radiowellen weit schwerere Gesundheits-
schädigungen hervorrufen können, als man bis dahin jemals
in Betracht gezogen hatte.

Zunächst zeigten sich allerdings keine Hinweise auf konkrete Strahlungsschäden, was dankbar als Beweis für die
Zulänglichkeit der 10-mW-Sicherheitsgrenze interpretiert
wurde. Drei Jahre lang hat Dr. Zaret in 16 Betrieben und
Militärstützpunkten quer durch die Vereinigten Staaten und
in Grönland rund 1 600 ausgewählte Personen fachärztlich
untersucht. Überall einheitlich erfaßte er zuerst die ophtalmo-
logische Krankengeschichte, um z. B. Angaben über eine erb-
liche Veranlagung zu Grauem Star festzuhalten; jeweils zum
Schluß fertigte er von beiden Augenlinsen Stereo-Photo-
graphien. Um größte Objektivität des Verfahrens sicherzu-
stellen, hatte eine Kommission für die Untersuchungen auch
Mitarbeiter ausgewählt, die überhaupt keiner Mikrowellenbelastung ausgesetzt waren. Wer diese Kontrollpatienten
waren, erfuhr der Arzt erst nach Beendigung des Programms.

Gefunden wurde kein einziger Fall von Grauem Star. Die
Zahl der kleinen Augenlinsendefekte erwies sich unter den
Personen, die wirklich mit Mikrowellen arbeiteten, gegenüber
derjenigen bei den Leuten aus den Kontrollgruppen als etwas
höher. Doch nachdem Dr. Zaret aus seiner Praxis wußte, daß
die festgestellten Linsenfehler nicht gerade Vorboten einer
Starerkrankung sind, hatte er keinen Grund, sie etwa als
Kumulationsstufen eines sich verschlimmernden Augenleidens
zu betrachten. So ließen also die klinischen Befunde des Programms wiederum kein sicheres Urteil darüber zu, ob Mikrowellenexposition das Risiko der Entwicklung von Grauem
Star erhöht oder nicht. – Allerdings vermerkte Dr. Zaret, da
es nicht möglich gewesen sei, einigermaßen korrekte Angaben über die Strahlungsintensität zu erhalten, der die Untersuchten ausgesetzt waren, könne aus dem Gesamtergebnis
auch keine Aussage über die Sicherheit der 10-mW-Grenze

hergeleitet werden. In seinem Abschlußbericht stellte er damals fest, eine weitere Beobachtung der bei den Patienten diagnostizierten Augenlinsenfehler sei nicht sinnvoll; er empfahl daher, davon Abstand zu nehmen.

Trotz des nicht überzeugenden Resultats der dreijährigen Untersuchungsreihe änderte Dr. Zaret seine Ansichten darüber, wie Mikrowellen die Augen angreifen können, bald grundlegend – nicht zuletzt wegen einiger ungewöhnlicher Beobachtungen, die er im Verlauf seiner Arbeit gemacht hatte. Bei einem jungen Radartechniker war ihm erstmals aufgefallen, daß eine beginnende Linsentrübung nicht wie sonst bei wärmebedingtem Star die vordere Kapsel, sondern ausschließlich den Augenhintergrund befallen hatte. Dies war ihm bei einem im übrigen gesunden Auge bis dahin nicht begegnet. Doch weil der junge Mann an Diabetes litt und Zuckerkrankheit bekanntlich auch ein Faktor ist, der Grauen Star begünstigt, maß er dem Fall keine außergewöhnliche Bedeutung bei. Er hatte allerdings vorgesehen, den Patienten später noch einmal zu untersuchen – aber dieser starb in der Zwischenzeit. (Man hat ihn bewußtlos am Fuß eines Mikrowellen-Relaisturmes gefunden; als Todesursache wurde zuckerbedingtes urämisches Koma festgestellt.) – Über eine weitere etwas außergewöhnliche Beobachtung, die er im Sommer 1961 bei der Untersuchung einer Gruppe von Ziviltechnikern einer Radar-Raketenfrühwarnstation in Thule (Grönland) registrierte, berichtete Dr. Zaret dem Verfasser: „Zwei Männer wiesen ausgeprägte Schwellungen der Augenlinsen auf. Da solche Erscheinungen in der Regel innerhalb von zwei Wochen nach einer akuten Verletzung auftreten, erkundigte ich mich bei den für Arbeitssicherheit verantwortlichen Leuten danach, was jeder der beiden Betroffenen zuvor zu tun gehabt hatte. Es stellte sich nicht allein heraus, daß sie immer zusammen arbeiteten, sondern daß sie zehn Tage vor meiner Untersuchung einige angeblich völlig abgeschaltete Generatoren repariert hatten, wobei plötzlich von den Schraubenziehern Funken aussprühten. Das weist eindeutig darauf hin, daß ihre Handwerkszeuge wie Empfangsantennen gewirkt und die beiden Arbeiter direkter

Mikrowellenstrahlung ausgesetzt hatten. Die Schwere des Augenschadens zeigte an, daß die Strahlung die Leistungsdichte der Sicherheitsgrenze von 10 mW/cm² bei weitem überschritten haben mußte. Doch das Unerklärliche war, daß keiner der beiden sich erinnern konnte, irgendetwas gespürt zu haben. Bis dahin war nichts anderes bekannt, als daß j e d e r, der durch einen Mikrowellenstrahl eine Linsenschwellung davontrug, dies als Ergebnis der Wärmeeinwirkung betrachtete, die von den elektromagnetischen Wellen deutlich spürbar, ja oft recht schmerzhaft auf das Gewebe ausgeübt wird. Die meisten Mikrowellen-Techniker glaubten daher, sie könnten einem schädlichen Strahl stets ausweichen – weil man ihn ja als Hitze fühlt, der man automatisch aus dem Weg geht. Nun erklärten die zwei Arbeiter hier, daß sie überhaupt nichts gefühlt haben. Das war in der Tat ein beunruhigender neuer Aspekt; denn der Fall besagte nichts geringeres, als daß Mikrowellen unbemerkt und heimtückisch wie Röntgenstrahlen einen schwerwiegenden Gesundheitsschaden verursachen können."

Um diese Zeit begannen einige große Elektronikfirmen, die an dem offiziellen Augenuntersuchungsprogramm teilnahmen, weitere Mitarbeiter zur privaten Konsultation zu Dr. Zaret zu schicken, und zwar solche, bei denen bereits die Entstehung von Grauem Star festgestellt worden war. Dazu Dr. Zaret:

„Bis 1962 wurde mit ein halbes Dutzend derartiger Fälle vorgestellt, damit ich feststellen könnte, ob eine Betriebskrankheit wegen Mikrowelleneinwirkung vorliegt. Daß man mir auch in der Folgezeit solche Patienten überstellte, muß ich den betreffenden Unternehmen hoch anrechnen; denn ich hatte von Anfang an klargestellt, daß ich jedem Arbeiter über meinen Befund reinen Wein einschenken werden, und außerdem verlangt, daß ich künftig an den Betreffenden die für meine Forschung nötigen Nachuntersuchungen vornehmen dürfte. Im Zuge dieser Entwicklung wandelte sich endgültig meine Meinung über die Art der Entstehungsweise von Grauem Star durch Mikrowelleneinwirkung. Denn die Schlitzlampen-Spezialuntersuchung ergab schon bei den ersten 6 Personen, daß sich bei ihnen die Augentrübung in der hinteren Kapsel entwickelte. Das war ein ganz unerwartetes Ergebnis; die Möglichkeit einer solchen Art von Schädigung war in den Standards der offiziellen Untersuchungsreihe überhaupt nicht erfaßt. Natürlich suchte ich nun auch bei den von der Luftwaffe ausgewählten Personen nach ähnlichen Entwicklungen im Augenhintergrund – und wurde sehr bald fündig: In einer Gruppe von etwas über 40 Radartechnikern des Funkentstörungstrupps einer Großfirma hatten ein volles Drittel der Leute Verdickungen in der hinteren Augenkapsel – eine Art von auf Star-Entwicklung hinweisender Narbenbildung, die ich später als erstes Anzeichen für einen Mikrowellenschaden zu identifizieren verstand."

Als Dr. Zaret im März 1963 seinen Schlußbericht für die Luftwaffe abfaßte, war ihm eigentlich schon bewußt, daß die Kriterien der Untersuchung – Beschreibung der Unregelmäßigkeiten in den Augenlinsen der ausgewählten Patienten – keine angemessene Methode darstellten, den ophtalmologischen Effekt von Mikrowellenstrahlungen richtig abzuschätzen. Aufgrund der zusätzlichen Beobachtungen bei den erwähnten *privat* zu ihm geschickten Elektronik-Arbeitern gab er bereits ein Jahr später seiner Überzeugung wie folgt Ausdruck:

„Nun wußte ich, daß der typische Mikrowellen-Star die hintere Augenkapsel befällt, während der typische Infrarot- oder Wärme-Star sich an der Oberfläche der vorderen Kapsel entwickelt. Dafür scheint es zwei einleuchtende Gründe zu geben: Mikrowellenstrahlen dringen tief ein und erwärmen das ganze Auge; und die Iris mit ihrer stärkeren Durchblutung hält den vorderen Teil des Auges kühler als die übrigen Partien. Die Absorption von Infrarotstrahlen erfolgt dagegen vornehmlich an der Oberfläche, so daß die Temperatur vorn höher ist als in den übrigen Teilen der Linse. Deshalb nehme ich nicht nur an, daß sich ein Mikrowellenschaden als Vorstufe zu Grauem Star zuerst an der hinteren Kapsel zeigt, sondern behaupte, das Vorhandensein von Trübungen in der hinteren Kapsel ist auch ein Zeichen dafür, daß der Patient Mikrowellenstrahlen abbekommen hat. – Ich bin damit in der Lage, mit großer Wahrscheinlichkeit eine Diagnose darüber zu stellen, ob ein dem Wesen nach von Mikrowellen hervorgerufener Grauer Star besteht. Durch die Früherkennung von Schädigungen der hinteren Augenkapsel wird es möglich, rechtzeitig vorbeugende Maßnahmen zu empfehlen, die gegen ein Fortschreiten (Kumulieren) der Augentrübung ergriffen werden sollten."

All das wurde von Dr. Zaret im Oktober 1964 der US-Luftwaffe anhand von drei Praxisbeispielen ausführlich dargelegt; doch dort war man ganz offensichtlich durch die neuen Informationen nicht zu beeindrucken. Angekündigt wurde vielmehr, daß Zarets Augenuntersuchungen abgeschlossen seien und daß es in der Folge keine Forschung in dieser Richtung mehr geben werde. Von diesem Punkt an begann sich Dr. Zaret über die Einstellung der Militärstellen zum Problem der Mikrowellenexposition „zu wundern":

„Auf der einen Seite opferte ich drei Jahre, um rund 1 600 Mikrowellen-Arbeiter genau zu untersuchen und dabei (bis auf den einen Fall, der nicht voll zählt, weil Diabetes im Spiel war) nicht einen einzigen Grauen Star zu entdecken. Andererseits jedoch, genau in der Mitte der dreijährigen Arbeit, schickten mir einige der beteiligten großen Firmen Mitarbeiter, die bereits Beschwerden mit Grauem Star hatten. Warum waren ausgerechnet solche Personen von der offiziellen Untersuchungsreihe ausgeschlossen? Warum kamen sie ausschließlich von Privatunternehmen, nicht vom Militär? Hatte man mir wirklich einen repräsentativen Querschnitt aus dem Kreis der mit Mikrowellentechnik Beschäftigten vorgestellt, oder war beim Auswahlprozeß etwas „faul"? Hatte man vielleicht bewußt nur gesunde Leute ausgewählt, um Schwierigkeiten bei einer Entdeckung der wirklichen Gesundheitsgefährdung sowie mögliche Entschädigungsforderungen zu verhindern?"

Nun, Dr. Zaret hatte noch weitere triftige Gründe für die Annahme, daß die Mikrowellenexposition in recht unmedizinischer Weise betrachtet wurde; denn 1965 wurde er immer öfter vom CIA über die Ergebnisse seiner Forschungen befragt, außerdem über sowjetische Fachliteratur und über seine Meinung zu der Frage, ob elektromagnetische Strahlen von der Ferne aus noch das Gehirn von Personen beeinflussen könnten, so daß sich das auf Befinden und Handlungsweise der Betroffenen auswirkt. Es wurden auch Einzelversuche verlangt, um zu klären, ob unsichtbare Laserstrahlen ähnlich wie Blitzlampen für Nachtaufnahmen Verwendung finden könnten. (Ergebnis des Tierversuchs: schwere Netzhautblutung bei Kaninchen, also *nicht* sicher), außerdem zahlreiche andere, anscheinend zusammenhanglose und rein theoretische Themen erörtert, zum Beispiel die folgenden: Besteht die Möglichkeit, mit Laserstrahl ein auf dem Fenstersims eines Hauses angebrachtes Horchgerät drahtlos anzuzapfen, um so die im Raum hinter dem Fenster geführten Gespräche aufzuzeichnen? Wären Mikrowellen in der Lage, bei Gefangenen eine Gehirnwäsche oder eine Brechung des Willens beim Verhör zu erreichen? – Schließlich rückte der CIA-Kontaktmann damit heraus, daß das alles damit zusammenhängt, daß die Russen in Moskau die Amerikanische Botschaft mit Mikrowellen wechselnder Frequenz bestrahlen. Wie sich Dr. Zaret erinnert, waren die Leute vom CIA anscheinend sehr beunruhigt über die Entwicklung. Sie zogen ihn dann zu streng geheimen Besprechungen über das „Moskauer Signal" und das Projekt Pandora hinzu und beteiligten ihn an der Wiederholung von Tierversuchen, die früher von sowjetischen Wissenschaftlern beschrieben worden waren. Dr. Zaret berichtet aus dieser Zeit unter anderem: „Bei einer Gelegenheit gelang es uns nicht nur, erfolgreich ein tschechoslowakisches Experiment über die Beeinflussung des Verhaltens von Ratten durch Mikrowellenstrahlung nachzumachen, sondern wir beobachteten vor dem Tod der Tiere seltsame, schwere Krämpfe. Nachdem ich Washington darüber informiert hatte, erhielt ich ein Telegramm vom CIA, mit dem ich aufgefordert wurde, von dieser Beobachtung niemandem etwas weiterzuerzählen. Später wurde ich davon unterrichtet, daß in Washington unter strenger Geheimhaltung die Auswirkungen des imitierten „Moskauer Signals" auf dressierte Versuchstiere geprüft würden und daß sich einige Ausfallerscheinungen in der Fähigkeit der am Versuch beteiligten Affen gezeigt hätten, die gelernten Aufgaben richtig auszuführen. Über ein Endergebnis der Untersuchungsreihe ist aber niemals etwas veröffentlicht worden."

Nach Beendigung des Luftwaffenauftrags betrieb Dr. Zaret weiter Forschungen zur Klärung der Auswirkungen von Mikrowellenstrahlung auf das menschliche Auge. Innerhalb von 5 Jahren kamen zu den bisher 6 bewiesenen Fällen mit durch Mikrowellen entstandenem Grauen Star 39 weitere hinzu. Sämtliche Patienten arbeiteten entweder bei der NASA oder bei Armee und Elektronikindustrie an Einrichtungen mit Mikrowellensendern — und überall lag die Linsentrübung in der hinteren Augenkapsel begründet.

Nach Zarets neuen Berichten versuchten die Militärdienststellen verstärkt, die Existenz einer besonderen, durch Mikrowellen verursachten Art von Grauem Star zu leugnen. Die offiziellen Verlautbarungen überzeugten aber kaum jemanden, der die inzwischen über Zarets Forschungen veröffentlichten wissenschaftlichen Daten kannte, wonach bei den meisten der untersuchten Fälle nur e i n Auge vom Star betroffen war (während sich Altersstar normalerweise stets gleichmäßig in beiden Augen entwickelt). — Für die Besorgnisse der Militärs gibt es natürlich gute Gründe: zunächst sind, wenn eine spezielle Art des Mikrowellen-Stars anerkannt würde, medizinisch-rechtliche Probleme insbesondere mit den zivilen Arbeitern zu befürchten, die z. B. in Radaranlagen Strahlungen ausgesetzt sind. Es könnten etwa Erschwerniszuschläge und der Abschluß von Schadensversicherungen verlangt werden. Was aber viel stärker ins Gewicht fällt, sind die Kosten und technischen Möglichkeiten des Rüstungsprogramms, bei dem die mit modernen Funktechniken arbeitenden Waffensysteme einen hohen Anteil ausmachen. All die Radar- und Raketeneinrichtungen sind auf der Basis der 10-mW-Sicherheitsgrenze geplant. Sollte dieser Standard wirklich gesenkt werden, weil er sich als zu unsicher erweist, müßten allein für Umrüstung bestehender, in der ganzen westlichen Welt verwendeter Verteidigungsanlagen Abermilliarden von Dollars aufgewendet werden. Dr. Zaret fand sich nun in eine engagierte Auseinandersetzung um den Zusammenhang zwischen Mikrowellenstrahlung und Grauem Star verstrickt. Ehemalige Radar-

techniker, die den Verlust ihrer Sehkraft auf die Mikrowellen-
wirkung zurückführten, stellten Entschädigungsansprüche an
die Veteranenorganisation des Verteidigungsministeriums und
reichten Klage gegen die Hersteller der früher von ihnen bedienten, nicht strahlensicheren Geräte und Anlagen ein. Luftwaffe und Armee wehrten sich mit Gegengutachten anderer
Augenfachärzte und schlugen weiterhin alles in den Wind,
was aus Osteuropa und Rußland inzwischen über einschlägige
Erkenntnisse und Bestimmungen bekannt geworden war.
Und nachdem Dr. Zaret allein mit seiner Behauptung stand,
nur Mikrowellen könnten die unverkennbaren Veränderungen
im Augenhintergrund bewirken, wurden von der Veteranenorganisation und den Gerichten mit einer Ausnahme alle
Ansprüche abgewiesen, denn: „Der Beweis für eine spezifisch
von Mikrowellen verursachte Art von Grauem Star ist als
nicht erbracht zu betrachten".

Die obenerwähnte Ausnahme betraf allerdings einen
ehemaligen Patienten von Dr. Zaret – einen Mann namens
Arthur Kay, der als Funkentstörungstechniker im Korea-
Krieg Radaranlagen zu warten hatte und dann durch Grauen
Star fast erblindete. Über seine Entschädigungsklage wurde
einige Jahre lang nicht entschieden, bis es ihm mit Zarets
Hilfe endlich gelang, Beweismaterial zu beschaffen, das die
Angaben der Marine widerlegte, er sei bei seinen Arbeiten
an Schiffsradargeräten keiner Mikrowellenstrahlung ausgesetzt gewesen. Aufgrund des unabhängigen Gutachtens des
emeritierten Harvard-Professors Dr. Shields Warren, der
die Möglichkeit einer Star-Bildung durch kumulative Wirkung
von Mikrowellenstrahlungen bestätigte, gewann A. Kay im
Jahre 1972 seinen Prozeß. Weitere Entschädigungen sind
seitdem strahlungsgeschädigten Radartechnikern und Fluglotsen vereinzelt gewährt worden.

Fälle von gefährlicher Mikrowellenstrahlungsintensität
werden immer wieder bekannt – nicht etwa nur bei Haus-
haltsgeräten. Zum Beispiel wurde im Jahre 1976 zufällig
herausgefunden, daß sich auf einem Landeplatz für Marine-
flugzeuge die Einstiegstreppe für die Besatzungen und Piloten
jahrelang direkt im Sendestrahlbereich einer veralteten Radar-

antenne befand. Die meistens gleichen Benutzer der Treppen-
leiter waren kurzzeitig, aber öfters einer Mikrowellenstrahlung mit einer durchschnittlichen Leistungsdichte von
600 mW/cm² ausgesetzt, was zu offenbar kumulativ ent-
standenen Augenschäden führte.

Es ist nicht verwunderlich, daß Repräsentanten von
Militär und Mikrowellenöfen-Industrie in ihrer Gegnerschaft
zu Dr. Zaret bald zusammenfanden. Einmal stellen bekanntlich die meisten Kochgeräte-Fabriken auch Teile von
Radar- und Raketenlenk-Systemen her und sind damit
Zulieferer der Streitkräfte. Zum zweiten könnte eine
offizielle Bestätigung von Zarets Theorien die derzeitige
Expansion des Verkaufs von Mikrowellenherden jäh stoppen.
Immerhin war das Büro für Strahlenschutz stets recht besorgt;
es verabschiedete nach und nach immer strengere Empfehlungen und Bestimmungen für den Umgang mit Mikrowellenherden. Zum Beispiel sollten Kinder nicht durch die Glas-
tür dem Garen der Speisen zuschauen; dann hieß es, während des Kochens solle sich jedermann eine Armlänge vom
Ofen entfernt halten. Und ab Oktober 1971 wurden neue
Standards für alle neuverkauften Haushaltsgeräte vorgeschrieben, mit verringerten Leistungsdichten als Sicherheitsgrenze.

In 5 cm Abstand von der Oberfläche des Gehäuses darf
danach die Strahlung nicht mehr intensiver sein als 5 mW/cm².
Niemand kennt die wissenschaftliche Basis, auf Grund
derer der neue Emissionsstandard festgelegt wurde. Zu
erfahren war nur, daß sich das Büro für Strahlenschutz zuvor
eingehend mit einem Fall von „sogenanntem typischen
Mikrowellen-Star" befaßt hatte, der bei einem jungen Mann
als Folge relativ geringer Leckstrahlungen aus einem
2 440-Megahertz-Diathermiegerät nach nur 12 jeweils vier-
telstündigen Halswirbelbestrahlungen aufgetreten war. Im
Jahre 1970 referierten darüber zwei amerikanische Wissenschaftler auf einem Symposium in Scheveningen; doch
danach hüllten sie sich in Schweigen. Und so war diese für
die Industrie unangenehme Angelegenheit rasch wieder
vergessen.

6. Einige Schlaglichter — zur „Beleuchtung"

Die bis dahin vornehmlich zwischen Wissenschaftlern und Vertretern der Streitkräfte geführten Diskussionen über mögliche biologische Effekte von Mikrowellen erregten erstmals 1971/72 beträchtliche, weltweite Aufmerksamkeit, als die Journalisten Jack Anderson und Les Whitten darüber eine Artikelserie geschrieben hatten, die in den Zeitungen der USA vielfach nachgedruckt und in der Presse der westlichen Industriestaaten kommentiert wurde. Die beiden Autoren schilderten als Ausgangspunkt für ihren alarmierenden Bericht zunächst den schlechten Zustand, in dem sich eine Gruppe pensionierter Radartechniker der US-Luftwaffe befand. Die Männer hatten Grauen Star, der offensichtlich während ihres Dienstes an Bord einer Constellation-Radar-Aufklärungsmaschine seinen Anfang genommen hatte. Dann wurde der Fall eines Luftwaffen-Stabsarztes der Abteilung für Radiobiologie geschildert, der auffällig rasch in eine Abteilung für Raumfahrtmedizin versetzt worden war, nachdem er öffentlich geäußert hatte, die 10-mW-Sicherheitsgrenze bedürfe einer Überprüfung, da man über die Augenschäden von Radarbediensteten nicht mehr hinwegsehen könne, die nur durch biologische Strahlungswirkung der Mikrowellen erklärbar seien. Schließlich lüfteten Anderson und Whitten das Geheimnis der 10 Jahre alten Geschichte von der langjährigen Mikrowellenbestrahlung der Moskauer US-Botschaft durch die Russen, wobei sie besonders herausstellten, daß die Affäre vor den Botschaftsangehörigen sorgsam geheimgehalten worden war, weil der CIA daran glaubte, die amerikanischen Diplomaten sollten durch die hochfrequente Radiostrahlung im Sinn einer „Gehirnwäsche" beeinflußt werden. Auch die Washingtoner Tierversuche mit dem „Moskauer Signal" wurden nun bekannt. Zugleich wurden in den Artikeln Zweifel an der Sicherheit auch der nach neuerem Standard gebauten Mikrowellenkocher geäußert.

Industrie- und Militär-Lobby empfanden die Veröffentlichungen als Provokation und erklärten in zahllosen Stellungnahmen die darin enthaltenen Angaben über Radar-Folgen und Mikrowellenherd-Mängel für falsch oder übertrieben negativ. Sie versuchten aber seltsamerweise nie, die Behauptung zu widerlegen, daß die Russen versucht haben sollen, Geist und Verhalten des Botschaftspersonals in Moskau zu beeinflussen. An die Möglichkeit einer solchen Beeinflussung schienen im August 1972 übrigens auch die Sowjets fest zu glauben; denn bei den Schachweltmeisterschaften in Islands Hauptstadt Reykjavik erklärte der sowjetische Großmeister Boris Spassky, er werde von Helfern seines Gegenspielers Bobby Fischer mittels elektronischer Anlagen bestrahlt, damit er unkonzentriert spielen und nicht den Weltmeistertitel behalten solle. – Sei es wie es sei: in der gleichen Zeit, bereits im Dezember 1971, war der wenig veröffentlichte, im 1. Kapitel geschilderte Regierungsreport des neunköpfigen Beratungsgremiums erschienen, welches 1968 vom Präsidialbüro für Funk- und Fernmeldewesen (OTP, Office of Telecommunications Policy) berufen worden war. Was darin über das Ausmaß der mit wachsender Anwendung von Mikrowellen verbundenen Umweltgefährdung gesagt wird, läßt alle Enthüllungen der Presse vergleichsweise lückenhaft, ja harmlos erscheinen.

Prompt erhielten die Berater des OTP offenbar einen Fingerzeig von oben, daß sie mit ihrer umfassenden Darstellung der Strahlungsproblematik über das Ziel hinausgeschossen seien. Denn in ihren Empfehlungen standen dann nur unverbindliche Hinweise. Doch von dieser Beschränkung versprach sich das Gremium, daß seine Arbeit zur allmählichen Verbesserung der Situation ungestört weitergeführt werden kann. Das damals von der Regierung angenommene „Programm zur Kontrolle der elektromagnetischen Umweltverseuchung" nannte deshalb keinerlei konkrete Maßnahmen, sondern forderte ein auf viele Stellen verteiltes, amtlich koordiniertes Forschungsprogramm über 5 Jahre, das klären könnte, inwieweit Mikrowellen eine Bedrohung für eine gesunde Umwelt darstellen. Nur: Die Koordination dieses Programms übertrug man ausgerechnet dem Verteidigungsministerium, das doch schon über 25 Jahre lang alles in seiner Macht stehende tat, über die Langzeiteffekte von Mikrowellenstrahlungen niedriger Intensität einen Mantel der Verdunkelung zu breiten — eine Taktik, die an das Abwerfen von Stanniolstreifen erinnert, mit dem die Flugzeuge der Alliierten im 2. Weltkrieg falsche Radar-Echos zur Irreführung der gegnerischen Abwehr hervorriefen.

Immerhin war das Bekanntwerden von Einzelheiten über die Mikrowellen-Kontroverse Anlaß für einige politische Rückwirkungen. Am 8. März 1973 eröffnete das Senatskomitee, das die im 4. Kapitel besprochene Anhörung zur Unterrichtung des amerikanischen Kongresses vom Frühjahr 1968 durchgeführt hatte, eine neue, dreitägige Sitzung, in der festgestellt werden sollte, wie das damals erlassene Rahmengesetz für die Strahlungskontrolle in der Praxis funktionierte. Senator John V. Tunney als der dem Komitee vorsitzende Beamte sagte gleich eingangs: „Bedauerlicherweise hat die bisherige Arbeit unseres Komitees im ganzen Land Anlaß zu Verwirrungen über die mit der Strahlungssicherheit zusammenhängenden Fragen gegeben. So stellt sich uns die Frage, ob das Rahmengesetz in den vergangenen 5 Jahren wirklich zu ausreichenden Schritten geführt hat, wie sie zur Absicherung der Umwelt gegen die Langzeitwirkung von Mikrowellen und gegen weitreichende Strahlungsschäden unternommen werden sollten. Angesichts der immer weiter ansteigenden Ausbreitung der mikrowellen-emittierenden Großanlagen und Haushaltgeräte ist die wachsende Besorgnis der Öffentlichkeit ernstzunehmen." — Anläßlich der Eröffnung der Senats-Anhörung über Strahlungskontrolle hatte auch die amerikanische Verbraucher-Organisation in der Presse der ganzen USA und Kanadas eine Kampagne gegen die noch immer unzureichend gesicherten Mikrowellenöfen aller Art eröffnet — belegt durch erschreckende Details zu neuen Warentestergebnissen. So wurde auch vor dem Komitee eine Stellungnahme der Verbraucherunion verlesen, wonach die 5-mW-Sicherheitsgrenze viel zu hoch sei, wenn man an die unbekannten biologischen Wirkungen von Mikrowellen denkt, und daß die Hersteller von Mikrowellen-Kochgeräten, welche nicht den Mindestvorschriften des Strahlenschutzes entsprechen, endlich zur Verantwortung gezogen werden müßten.

Bei den Referaten und Diskussionen kam es zum gleichen, unentschiedenen Aufeinanderprall gegensätzlicher Meinungen wie in den Jahren zuvor; dabei wurde auch über die Forschungsergebnisse Dr. Zarets und der sowjetischen Wissenschaftler debattiert. Andere Fachleute widersprachen sich selbst, indem sie plötzlich Sicherheitsstandards akzeptierten, deren Revision sie noch kurz zuvor in wissenschaftlichen Veröffentlichungen dringend gefordert hatten. OTP-Direktor Dr. Whitehead meinte: „Die geltenden Standards sind ausreichend auf die Strahlungsschäden abgestellt, die durch Experimente und Untersuchungen dokumentierbar sind." Dr. Zaret charakterisierte eine solche Einstellung wegen der nur in langen Zeiträumen erkennbaren Schadwirkung von Strahlungen niedriger Intensität als unverantwortlich und griff besonders das Verteidigungsministerium an, das durch irreführende Auskünfte die Mikrowellengefahr in der Öffentlichkeit verniedlicht. Außerdem bedauerte er zutiefst, daß das Marine-Forschungslaboratorium für Luft- und Raumfahrtmedizin in Pensacola die biologische Wirkung von Radiowellen mit extrem niedriger Frequenz statt zuerst in Tierversuchen gleich an Freiwilligen aus der Truppe erprobte. (Es handelte sich um eine Vorstudie zum Projekt „Sanguine", das später in „Projekt Seefahrer" umbenannt wurde — vergleiche Kapitel 22.) Zarets Bedenken fanden verbreitete Zustimmung, weil sich bei neun der zehn Versuchspersonen schon abnorm hohe Fettsäurewerte im Blutserum zeigten, während 11 Personen, die einer anderen langwelligen Radiostrahlung ausgesetzt waren, zunehmend Schwierigkeiten hatten, einfache Additionen auszuführen. Deshalb wurden von der Marine wenig später die Experimente mit Freiwilligen aufgegeben; dafür begann eine über Jahre geplante Studie über die Auswirkungen niedrigfrequenter elektromagnetischer Felder auf Menschenaffen. Im Zusammenhang mit solchen Versuchen kam auch die gesundheitsschädliche Wirkung anderer niedrigfrequenter Strahlungen zur Sprache: in Spanien und in der Sowjetunion waren ähnliche Erscheinungen wie beim „Projekt Seefahrer"-Versuch bei Arbeitern beobachtet worden, die mit der Montage von Hochspannungsleitungen für die

Stromversorgung beschäftigt waren. Jedermann kann bekanntlich schon an den Störungen des Pflanzenwachstums unter den Überlandleitungen erkennen, daß die dort vorhandenen, oft noch in 1,5 km Entfernung nachweisbaren elektromagnetischen Felder biologische Auswirkungen haben. Tierversuche haben diese Vermutung längst bestätigt. Beispielsweise vermehren sich in einem Bienenstock, der direkt in einer Hochspannungsmast-Schneise aufgestellt wird, die Bienen nicht mehr, und sie sammeln auch nur noch wenig Honig, so daß dem Imker kein Überschuß bleibt.

Am Ende standen sich noch einmal Vertreter der Mikrowellenherd-Industrie einerseits und Dr. Zaret andererseits mit ihren extremen Positionen zur Frage der Strahlungsgefahr gegenüber. Zarets Forderung: Wenn man bedenke, daß die Industrie damit wirbt, unsere Kinder könnten am Mikrowellenherd am besten das Kochen lernen, so müßte jeder dieser Herde verboten werden, der auch nur die geringste Streustrahlung abgibt. Denn „die stärkste natürliche Quelle für Mikrowellen ist die Sonne, und nur darauf ist die Natur des Menschen eingerichtet. Die sogenannte Sicherheitsgrenze für Strahlungen aus einem Mikrowellen-Kochgerät, die noch toleriert werden, liegt nahezu eine Milliarde mal höher als jede natürliche Mikrowellenstrahlung". Dagegen zitierte John Osepchuk von der Raytheon-Gesellschaft einen Ausspruch des berühmten Physikprofessors Dr. James A. Van Allen von der Universität von Iowa: „Strahlenschäden durch die Bedienung von Mikrowellenöfen sind ebenso wahrscheinlich wie ein vom Mondschein verursachter Sonnenbrand." Im übrigen seien die Beweise für kumulative Wirkungen dürftig, die russischen Daten über Effekte von Strahlungen geringer Intensität zweifelhaft; der Punkt sei erreicht, da man Leuten, die ihre übertriebenen Sicherheitsforderungen nicht substantiell begründen können, nicht mehr nachgeben dürfe.

Verständlich, daß Senator Tunney zum Schluß des Hearings konstatierte: „Ich bin bestürzt, daß hier in etlichen Fragen die Meinungen um fast 180 Grad voneinander abweichen. Deshalb finde ich, daß es nötig sein wird, auch auf internationaler Ebene noch mehr für weitere Forschungen zu tun und mit noch viel mehr bekannten Experten zu sprechen."

Diese Absicht konnte Senator Tunney bereits im Oktober 1973 in die Tat umsetzen, nämlich, als er an dem viertägigen Symposium teilnahm, das (in Zusammenarbeit zwischen der amerikanischen und der polnischen Regierung) über das Thema „Biologische Effekte und gesundheitsschädliche Wirkungen von Mikrowellenstrahlung" in Jadwisin bei Warschau veranstaltet wurde. Die Anwesenheit von 60 bedeutenden Fachwissenschaftlern aus 12 Nationen gab reichlich Gelegenheit zum Informations- und Gedankenaustausch. Doch es ist leider nicht anzunehmen, daß die vorgetragenen Beiträge in ihrer Gegensätzlichkeit oder schweren Allgemeinverständlichkeit dem Senator ein anderes Bild vermitteln konnten als der inneramerikanische Gelehrtendisput. Herausragend waren ohne Zweifel die Ausführungen zweier sowjetischer Forscherinnen: Professor Zinaida V. Gordon, weltweit respektierte Pionierin der Mikrowellenforschung, erklärte, in ihrer mehr als 20jährigen klinischen und arbeitsmedizinischen Praxis habe sich die biologische Wirksamkeit von Mikrowellenstrahlungen mit Intensitäten weit unter einer Leistungsdichte, die im Gewebe Wärme erzeugt, bewiesen. Daher gehe man in der Sowjetunion mit radiofrequenten elektromagnetischen Wellen trotz des damit verbundenen Aufwands sehr sorgfältig um. Und die Seniorin des russischen Allunionsinstituts für Arbeitshygiene, Dr. Maria N. Satschikowa, vertrat mit Nachdruck den seit langem bekannten sowjetischen Standpunkt, Mikrowellenschäden seien ebensogut eine fest umrissene Berufskrankheit wie z. B. Staublunge, wenn sich die Erkrankung auch in sehr unterschiedlichen Beschwerden und unklaren Symptomen manifestiere. Jedenfalls würden sich die Beschwerden nicht mehr verstärken, wenn die Strahlungsexposition aufhört; dagegen nehme die Schwere der Störungen regelmäßig bei jedem Arbeiter zu, der nicht sofort vom Umgang mit Mikrowellen oder aus der Umgebung von Strahlungsquellen ferngehalten werden könne.

Die Tatsache, daß alle von Frau Satschikowa untersuchten Arbeiter und Arbeiterinnen nur Mikrowellenstrahlungen von sehr viel geringerer Intensität ausgesetzt waren, als der in den USA für Arbeiter wie für die allgemeine Bevölkerung als zuträglich betrachtete Leistungsdichtewert von 10 mW/cm² angibt, war von den amerikanischen Tagungsteilnehmern sicher ebensowenig von der Hand zu weisen wie die aus den russischen Erfahrungen abzuleitende kumulative Strahlenwirkung. Aber außer Dr. Zaret, der von vielen Wissenschaftlern als Sonderling und Panikmacher angesehen wird, war kein amerikanischer Forscher bereit, zu sagen, die Mikrowellenstrahlung müsse endlich auch daraufhin untersucht werden, ob sie nicht ganz allgemein für die Bevölkerung jedes Landes eine Gesundheitsgefährdung mit sich bringt. Dabei stimmen doch sehr viele amerikanische Forscher mit den sowjetischen darin überein, daß hohe Leistungsdichten, wie sie von den großen Sendeeinrichtungen (nicht nur direkt im Funkrichtstrahl) ausgehen, auf jeden Fall biologisch signifikant sein müssen. Auch der geschichtlich interessante Hinweis eines Referenten, daß die japanische Armee im 2. Weltkrieg ausgiebige Forschungen über den Gebrauch von Mikrowellen als „Todesstrahlen" betrieben habe – die Dokumente über die Ergebnisse der Experimente seien allerdings im Jahre 1945 verbrannt –, hätte eigentlich zu denken geben müssen. Am letzten Tag des Symposiums wurde jedenfalls die Möglichkeit, daß eine allgemeine Gesundheitsgefährdung durch Mikrowellen schon existiert, an einem verblüffenden Beispiel dargelegt – und zwar von Dr. Zaret, der auch eine eigene Theorie über die Wirkungen nichtionisierender Strahlen auf das Herz entwickelt hatte.

Innerhalb der zehn Jahre, in denen Zaret nach Abschluß seines Luftwaffenauftrags nunmehr auf dem Gebiet der Strahlungsforschung tätig war, hatte er bei unverhältnismäßig vielen seiner Augenpatienten, die alle mit Mikrowellen-Generatoren oder Radareinrichtungen zu arbeiten hatten, auch eine in relativ jungem Alter einsetzende Entwicklung von Herzmuskelschäden beobachtet. Als nun medizinische Berichte meldeten, daß in aller Welt eine Vervielfachung der Herzmuskelleiden zu verzeichnen ist und außerdem die sowjetischen Studien hinsichtlich kardialer Effekte von Mikrowellen bekannt geworden waren, war Dr. Zaret darauf gespannt, ob Exposition gegenüber Mikrowellenstrahlung auch verantwortlich für das Auftreten der Herzschäden bei seinen Patienten sein würde. Einen Versuch, zu erklären, wieso und warum das der Fall sein könnte, unternahm er in einem wissenschaftlichen Aufsatz, der im Juli 1972 erschien. Zunächst bietet er darin eine Deutung des Vorgangs, daß Mikrowellenstrahlung geringer Intensität in der Lage ist, auf der hinteren Kapselseite der Augenlinse die Bildung von Grauem Star auszulösen: ‚Während des Sehens muß sich das Auge immer neu konzentrieren; die elastische Linsenkapsel ist dadurch unter ständigem Streß zwischen relativer Spannung und Entspannung. Normalerweise erfolgt vom Streß der wechselnden Spannungen eine völlige Erholung. Ist dagegen eine übermäßige, ungewöhnliche Strahlung wirksam, werden die elastischen Eigenschaften der Kapsel sich verändern. Eventuell führt dies zu einer mechanischen Ermüdung der Membrane. Die strukturelle Ermüdung der Linsenkapsel könnte dann, in Wechselwirkung, Veränderungen in der Zusammensetzung der Kapsel und dadurch Starbildung hervorrufen.' Zaret stellt sich nun vor, daß die Ermüdung elastischer Membranen auch Grundlage für biologische Effekte von Mikrowellenstrahlung in anderen Organen des Körpers ist. Er schrieb darüber wie folgt:

„Beispielsweise gibt es gemeinhin keine akzeptable Erklärung für die nach Einwirkung nichtionisierender Strahlen auf den Körper mit Verzögerung folgenden Herzschädigungen. Nun, die Herzkammern und ihre großen Blutgefäße liegen eingebettet in eine elastische Membrane in Form des Herzmuskels. Ähnlich wie die elastische Membrane, welche beim Auge von der Linsenkapsel dargestellt wird, ist er vom Wechsel zwischen Spannung und Entspannung ständig beansprucht, da er helfen muß, den hydraulischen Druck des Kreislaufsystems aufrechtzuerhalten. Auch hier folgt jeder Anspannung eine Erholung. Wenn aber übermäßige Strahlungen einwirken, dann kann – wie beim Auge – die Elastizität der ‚Membrane‘ leiden – und dann wird daraus ein Herzmuskelschaden resultieren. Vieles spricht für diese Anschau-

*ungsweise, besonders, daß eine der am besten bekannten mit
Verzögerung auftretenden Strahlungsfolgen ein vorzeitiges
Altern ist, das gleichbedeutend erscheint mit einer Reduzierung der Elastizität des Gewebes. Sicher kann man nicht
jeden Herzmuskelschaden so einfach erklären. Die Prädisposi-
tion dazu ist oft von anderen oder zusätzlichen Faktoren abhängig. Dennoch ist festzuhalten, daß augenscheinlich eine
Parallele besteht zwischen dem häufigeren Auftreten von
Herzkranzgefäßerkrankungen und Herzinfarkten in Ballungs-
gebieten und der in diesen Gegenden zu verzeichnenden Zunahme des elektronischen Smogs aus Funkwellen."*

Nachdem Dr. Zaret im Jahre 1972 diese Parallele gezogen
hatte, gab ihm natürlich sehr zu denken, was er über ein Jahr
später als Titelseiten-Story der *New York Times* über die Bemühungen der finnischen Regierung und der Weltgesundheitsorganisation las, die verbreitete Arteriosklerose in Nord-
Karelien und Kuopio zu untersuchen und zu behandeln. In
den beiden ländlichen Distrikten im Südosten Finnlands
herrschte unter den 500 000 Bewohnern die höchste Rate
von Herzattacken in der ganzen Welt! In dem Zeitungsbericht, der rund einen Monat vor Beginn des Warschauer
Mikrowellen-Symposiums erschien – am 16. September
1973 –, stand unter anderem wörtlich:

„Daß Nord-Karelien die höchste Rate von Herzanfällen
aufweist, ist ein Paradoxon. Herzattacken werden ja eigent-
lich als typische Folgen von Streß in industrialisierten städ-
tischen Gemeinschaften angesehen. Man denkt an Leute mit
Übergewicht, die sich wenig bewegen, bei der Arbeit am
Schreibtisch sitzen und im Auto heimfahren, um dann vorm
Fernseher Platz zu nehmen. Nord-Karelien aber ist ein stilles
Seengebiet mit Kiefern- und Fichtenwäldern. Ackerbau und
Holzwirtschaft bestimmen hier das Leben. Harte körperliche
Arbeit wird geleistet. Nun fällen auch noch Herzanfälle die
robusten finnischen Waldarbeiter wie Bäume."

In dem Artikel wird weiter berichtet, daß die finnischen
Gesundheitsbehörden die Anfälligkeit der Bewohner Nord-
Kareliens und Kuopios für Herzattacken auf drei Haupt-
Risikofaktoren zurückführen: erhöhter Cholesterinspiegel

im Blut, übermäßiges Rauchen sowie Bluthochdruck. Zum Teil war wohl die etwas einseitige Ernährung dafür verantwortlich, die reich an Milchfett ist, während Gemüse und Obst wenig gekauft werden. Dann wird noch eine Kampagne der finnischen Regierung geschildert, mit der man sich bemüht, die Bewohner der Region dazu zu bringen, ihren Fettverbrauch einzuschränken, weniger zu rauchen und regelmäßig in den öffentlichen Polikliniken den Blutdruck prüfen zu lassen.

Weil das Gebiet nordwestlich von Leningrad gegenüber dem Ladogasee liegt, kam Dr. Zaret anhand der zum Artikel abgedruckten Landkarte die Idee, man müßte prüfen, ob nicht von einigen russischen Sendeanlagen stammende Mikrowellen mitverantwortlich sind für die vielen Herzkrankheiten unter einer Bevölkerung, die ohnehin schon aufgrund ihrer Ernährungs- und Rauchgewohnheiten gehandicapt zu sein schien. (Ein halbes Jahr später erfuhr er dann von einem früheren Geheimdienst-Experten für Funktelekommunikation, der die Gegend gut kannte, daß von einem mächtigen Über-Horizont-Radarkomplex, dessen Funkstrahlen an der Oberfläche des Ladogasees reflektiert und verstärkt würden, eine derartige Mikrowellenstrahlung mit großer Wahrscheinlichkeit ausgeht. Die Anordnung der Anlage gestatte die Ausstrahlung von weitreichenden Mikrowellen in niedriger Bahn, die an der unteren Schicht der Ionosphäre abprallen; das versetzte die Russen in die Lage, z. B. festzustellen, ob Raketen aus den unterirdischen Silos im Westen der USA in Stellung gebracht wurden.)

Da die Einladung zur Teilnahme am Symposium in Warschau schon vorlag, ging Dr. Zaret seiner Ahnung persönlich nach. Er flog zuerst nach Helsinki, wo er zwei Tage lang mit einem Arzt von der für das Regierungsprogramm für Nord-Karelien zuständigen Abteilung des Gesundheitsministeriums sowie mit Wissenschaftlern vom elektrotechnischen Institut der Technischen Universität Helsinki konferierte. Er erfuhr, daß die betroffenen Distrikte nicht nur die absolut höchste Rate von Herzanfällen haben, sondern auch die am rapidesten ansteigende Zahl von Herzleiden in der ganzen Welt. Mit der

94

Zeit wurden immer jüngere Menschen von Herzschäden befallen, auch viele Kinder. Und er konnte feststellen, daß die Häufigkeit der Herzanfälle unter den Bewohnern der beiden Gebiete in direkt proportionaler Weise mit der Nähe zur sowjetischen Grenze in Beziehung steht. Dadurch sah er sich in seiner Theorie bestätigt und reiste weiter nach Warschau. In seinem Vortrag auf dem Symposium verwendete er überraschend zehn der ihm für die Erläuterung seiner Erkenntnisse über Grauen Star zustehenden zwanzig Minuten Redezeit darauf, über den vermutlichen Zusammenhang zwischen den Herzerkrankungen im finnisch-russischen Grenzgebiet mit einer vom sowjetischen Territorium herüberdringenden Mikrowellenstrahlung zu sprechen. Dabei forderte er die Weltgesundheitsorganisation auf, bei den laufenden Untersuchungen der Bewohner der zwei finnischen Distrikte auch auf die Möglichkeit von Strahlungswirkungen zu achten.

Seitdem war allerdings die Kampagne des finnischen Gesundheitsministeriums, das die Menschen im Südosten des Landes zur Änderung ihrer Lebensgewohnheiten aufrief und anleitete, sehr erfolgreich. Unter den Männern Nord-Kareliens sank die Rate der Herzattacken um 40 Prozent, der allgemeine Anstieg der Herzkrankheiten wurde gestoppt. Diese Ergebnisse können Zarets Theorie zwar nicht gerade erhärten, widerlegen sie aber auch nicht. Doch gleichviel, ob sich einmal herausstellt, ob das Ganze auf Phantasie oder auf Tatsachen beruhte: für die amerikanischen Fachwissenschaftler wirkte Dr. Zarets unkonventioneller Vorstoß offenbar als unbequeme Mahnung und Ansporn zugleich. Denn nach 20 Jahren des Kuschens vor den Belangen des Verteidigungsministeriums und 10 Jahren der Leugnung oder Beschönigung bestimmter Strahlungsschäden begann man nun, sich rückhaltloser zur eigenen Einschätzung wissenschaftlicher Ergebnisse zu bekennen. Eine neue Ära der Offenheit gegenüber neuen Entdeckungen zeichnete sich ab. Deutlich zum Ausdruck kam dieser Umschwung schon bei der Konferenz über biologische Effekte nichtionisierender Strahlungen, die im Februar 1974 in der New Yorker Akademie der Wissenschaften stattfand. Mehrere Forscher, die zum Teil für die Marine tätig waren, legten Daten vor, welche die Hypothese unterstützten, daß Mikrowellenstrahlung selbst sehr niedriger Intensität Auswirkungen auf Nervensystem, Verhalten und Befinden von Lebewesen hat. Besonders der Biophysiker Allan H. Frey, der schon 1969 in Richmond wegen seiner Forschungen über die Hör- oder Fühlbarkeit von Mikrowellen-Impulsen für Aufsehen gesorgt hatte, demonstrierte mit seinen Mitarbeitern durch ein einfaches Experiment, daß selbst Radar-Impulse mit einer Leistungsdichte von nur 0,2 mW/cm² unzweifelhaft das Befinden eines lebenden Organismus beeinflussen: Ratten, die genügend Raum in ihren Behältern hatten, um selbst zu wählen, wo sie sich aufhalten, vermieden die Plätze, auf die eine Impulsstrahlung so geringer Intensität gerichtet wurde. Zumindest fühlten sie sich also durch Ton- oder Temperaturempfindungen gestört.

Auch die Sprache der Behörden, die bisher die biologischen Wirkungen von Mikrowellen überhaupt nicht zur Diskussion stellen wollten, wurde jetzt vorsichtiger, wenn auch nur ein wenig. Jeder Parlamentsangehörige erhielt anhand von Listen der in den USA laufenden, von staatlichen Stellen finanzierten Forschungsvorhaben die Möglichkeit, sich selbst davon zu überzeugen, was zur Aufklärung der einschlägigen Zweifel getan wurde. Tatsächlicher Wissensstand und nach außen vertretene Haltung einer Behörde wurden dadurch transparent. Viele Kongreßabgeordnete erkannten den Sachzwang, unter dem vor allem das Verteidigungsministerium handelte, wenn immer wieder die Höhe der 10-mW-Sicherheitsgrenze als korrekt hingestellt wurde. Meinungsverschiedenheiten zwischen den Wissenschaftlern wurden nun immer häufiger auch in Fachzeitschriften ausgetragen. Besonders bei den Medizinern zeigt sich, daß in ihrer Wissenschaft die linke Hand manchmal nicht zu wissen scheint, was die rechte tut: während die Diathermiebehandlung schwangerer Frauen weitgehend abgelehnt wird, entdeckte ein belgischer Arzt ausgerechnet die Nützlichkeit von Mikrowellenbestrahlungen für die Einleitung und Erleichterung von Geburten.

Sogar das OTP (Präsidialbüro für Funk- und Fernmeldewesen) ließ 1975 in seinem Jahresbericht an den amerikanischen Kongreß durchblicken, daß man wohl doch gut beraten wäre, wenn jetzt die Experimente der Russen und Tschechen genau nachgeprüft würden, die schon 15 Jahre früher zu den niedrigen Werten der maximal zulässigen mittleren Leistungsdichte von Mikrowellenstrahlungen geführt haben, welche Grundlage der osteuropäischen Standards sind (vgl. Tabelle, Seite 69).

Im Rahmen der 1974/75 finanzierten Forschungsvorhaben ist in dieser Richtung offensichtlich einiges getan worden. Im vierten Jahresbericht des OTP, der im Juni 1976 erschien, wurde gleich zu Beginn, wenn auch immer noch zurückhaltend, von erheblichen Fortschritten gesprochen, die bei der Bestimmung der Wirkungen von Mikrowellenstrahlungen niedriger Intensität auf Wachstum, Entwicklung, Blutbildung, Immunsystem und innersekretorische Drüsen von Lebewesen gemacht werden konnten. Es sei nun auch erwiesen, daß nicht-ionisierende elektromagnetische Strahlungen in der Lage sind, die Zellteilung von Lymphozyten, einem Typ der weißen Blutkörperchen, zu beschleunigen – und zwar in lebenden Körpern. Über Mikro- und Radiowellen-Effekte in Bezug auf Erbmasse und Fortpflanzung wurde in einem Anhang berichtet, der die auf einer Washingtoner Fachseminartagung im Sommer 1975 vorgestellten Forschungsergebnisse zusammenstellt. Acht von fünfzehn besprochenen Projekten zeigen, daß selbst Strahlungen mit ganz geringer Leistungsdichte bei Versuchtieren oder genetischem Material bedeutsame Veränderungen hervorrufen, von Geburtsmißbildungen über Strukturfehler bei Käfern, die im Puppenstadium bestrahlt wurden, bis zu abnormaler Entwicklung von Chromosomen.

Wohl, um den Kongreß mit solchen Details nicht zu sehr zu erschrecken, wird jedoch am Ende das Ganze relativiert dargestellt als 'Mischung von positiv und negativ zu wertenden Befunden'. Die besonders negativ erscheinenden genetischen Effekte seien insofern nicht Anlaß zur Beunruhigung, als man das Risiko in seiner wahren Größe (= Wiederholung der Versuchsbedingungen kommt praktisch nicht vor) in Betracht ziehen müsse.

Was die genetischen Auswirkungen von Mikrowellenstrahlungen betrifft, so griffen die amerikanischen Forscher, die sich dieser Aspekte jetzt endlich annahmen, nicht auf die Vorarbeiten zurück, die Ende der fünfziger Jahre außer in der Sowjetunion auch in Amerika schon geleistet worden waren. Die Ergebnisse von damals wurden ebenfalls weitgehend ignoriert – vielleicht, weil inzwischen fortgeschrittenere Methoden und neue biologische Erkenntnisse zur Verfügung stehen.

Dabei nahm vor allem Dr. John H. Heller mit einigen Mitarbeitern manche der nun vom OTP als Fortschritte gepriesenen Forschungsresultate vorweg. Er erzeugte in seinen Versuchen bei Pflanzen und Insekten Erbschäden, die fast gleichermaßen durch Gammastrahlen, Röntgenstrahlen, Ultraviolette Strahlen und Mikrowellen (weit unter Wärmewirkungs-Intensität) hervorzurufen waren. In Experimenten mit männlichen Fruchtfliegen gelang der Arbeitsgruppe von Dr. Heller in Ridgefield (Connecticut) der Beweis, daß Mikrowellenstrahlungen niedriger Leistungsdichte mit vier verschiedenen Frequenzen die Erbmasse so veränderten, daß Mutationen entstanden. Mit anderen Worten: die Strahlungen verursachten in den Samenzellen der Fliegen genetische Schäden, und diese wurden nun auch auf deren Nachkommen übertragen. Bezeichnenderweise fand die Veröffentlichung, in der Dr. Heller im Jahre 1963 ausführlich über seine Ergebnisse berichtete, damals mehr Aufmerksamkeit in der Sowjetunion als in den Vereinigten Staaten, wo man seine Angaben überwiegend als unglaubwürdig ablehnte. Nur wegen dieses Mangels an Interesse fanden die Forschungen über genetische Effekte von Mikrowellen schließlich keine finanzielle Unterstützung mehr und mußten gegen Ende der sechziger Jahre eingestellt werden. Damals wie heute ignoriert wurden auch Untersuchungen, die auf einen möglichen Zusammenhang zwischen Radar-Exposition und Mongolismus der von den Betroffenen gezeugten Kinder hindeuteten. Und es bleibt weiterhin zweifelhaft, ob solche Untersuchungen in Zukunft mit mehr Nachdruck betrieben werden können als früher. Denn abgesehen von der militärisch-industriellen Lobby können auch viele andere Leute, die z. B. Verantwortung für die öffentliche Gesundheit tragen, auf Förderungsmittel angewiesen sind oder einfach Mißverständnisse und Unruhe vermeiden wollen, unangenehme Forschungsergebnisse „nicht gebrauchen".

Eine ähnliche Grundeinstellung war beim Jahrestreffen des US-Komitees der *International Union of Radio Science* zu beobachten, das im Oktober 1975 in der Universität von Colorado in Boulder stattfand. Die amerikanischen Wissenschaftler schienen so besorgt wie nie zuvor zu sein, daß die Presse entstellende Berichte bringen und daß ein Mißverstehen des komplexen Problems von Nutzen und Schaden der Mikrowellen noch mehr zur Beunruhigung über die mit Mikrowellen mitunter verbundenen Gesundheitsgefahren beitragen könnte. Einige der Herren fürchteten, der Laie werde nie den Unterschied zwischen biologischen Folgen und biologischen Gefahren richtig erfassen; andere, daß das wichtige Potential, welches die Mikrowellen als Hilfsmittel zur Erforschung der elektrochemischen Vorgänge im Gehirn darstellten, bei ungünstiger Publicity unter dem Druck der Öffentlichkeit brachgelegt werden müßte. Fehlinterpretationen in Zeitschriften und Zeitungen hätten bereits die Zusammenarbeit innerhalb der Wissenschaft erschwert. Ferner herrschte Verärgerung darüber, daß einer Anzahl von Entschädigungsansprüchen ehemaliger Radartechniker, bei denen berufsbedingt Grauer Star aufgetreten war, von der Veteranenorganisation stattgegeben wurde; natürlich nicht wegen der Tatsache als solcher, sondern wegen der ungünstigen Wirkung auf die öffentliche Meinung, die nun noch mehr gegen Mikrowellen eingenommen sei. Auch die von weiteren Radar-Arbeitern gegen die Streitkräfte angestrengten Prozesse könnten eine negative Einstellung zur Mikrowellentechnik fördern, die womöglich einmal in die Gründung von Bürgerinitiativen zum Schutz vor nicht-ionisierenden Strahlungen mündet. – Offenbar waren die hier Versammelten ziemlich einmütig der Denkungsart der „Mikrowellen-Lobby" verhaftet. Einige Regierungsbeamte und Physiker schlugen den anwesenden Journalisten sogar allen Ernstes vor, sie sollten statt des irgendwie unheimlichen Begriffs „Bestrahlung" doch einen unverfänglicheren Ausdruck verwenden, wenn sie schon über das Thema schreiben müßten – vielleicht „Beleuchtung".

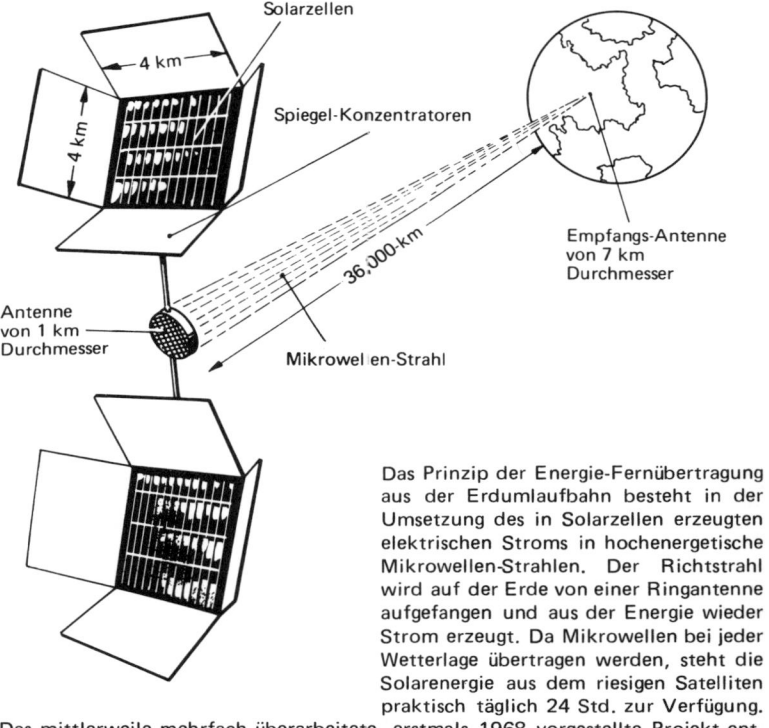

Solarzellen

4 km

4 km

Spiegel-Konzentratoren

36,000 km

Empfangs-Antenne
von 7 km
Durchmesser

Antenne
von 1 km
Durchmesser

Mikrowellen-Strahl

Das Prinzip der Energie-Fernübertragung aus der Erdumlaufbahn besteht in der Umsetzung des in Solarzellen erzeugten elektrischen Stroms in hochenergetische Mikrowellen-Strahlen. Der Richtstrahl wird auf der Erde von einer Ringantenne aufgefangen und aus der Energie wieder Strom erzeugt. Da Mikrowellen bei jeder Wetterlage übertragen werden, steht die Solarenergie aus dem riesigen Satelliten praktisch täglich 24 Std. zur Verfügung. Das mittlerweile mehrfach überarbeitete, erstmals 1968 vorgestellte Projekt entspricht der auf Seite 27 genannten „Satellite Solar Power Station" (SSPS) nach Prof. Peter E. Glaser.

Das Sonnenkraftwerk im All könnte über 30 Jahre Lebensdauer erreichen und eine Zehnmillionenstadt mit elektrischem Strom versorgen. Sobald genügend Raumfähren einsatzbereit sind, ist die Verwirklichung eines solchen Projektes technisch möglich. Bedenken bestehen jedoch, weil die vom geostationären Sender ausgestrahlte Energie durch Schwankungen des Richtstrahls außerhalb der Empfangsantennenzone ankommen könnte und eine Mikrowellen-Streustrahlung unbekannte Gefahren birgt.

Die Moskauer Mikrowellen-Affäre

7. Ein ungesunder Posten

Ein weiterer Meinungsstreit um Publizität und Wortwahl, wie er die Tagung von Boulder beherrscht hatte, wurde innerhalb weniger Monate überflüssig angesichts der neuesten Entwicklung in Moskau. Anfang Februar 1976 setzten die Russen dort die amerikanische Botschaft in der Tschaikowskystraße weiter unter Mikrowellenstrahlen. Nun prangte nicht nur das ominöse Wort „Bestrahlung" in den Schlagzeilen der Weltpresse, sondern die Befürchtungen und Spekulationen um die gesundheitsschädliche Wirkung von Mikrowellen fanden überall neue Nahrung. In Verbindung mit einer Serie von widersprüchlichen Erklärungen und irreführenden Dementis aus dem US-Außenministerium gelangte das Thema durch einen internen Alarm zu größerer Publizität als jemals zuvor.

Im ersten Bericht, der über die Affäre erschien, schrieb die *Los Angeles Times* am 7. Februar 1976: „Botschafter Walter J. Stoessel in Moskau hat einem Teil der 125 Leute seines Mitarbeiterstabes mitgeteilt, die Russen benutzten Mikrowellenstrahlen, um in der Botschaft geführte Gespräche drahtlos abzuhören; sie alle sollten wissen, daß eine solche Bestrahlung mit der Zeit Auswirkungen auf ihre Gesundheit haben könnte." Nach der Version des Zeitungsartikels hat Stoessel dabei betont, daß schwangere Frauen die mit der Strahlung verbundenen Risiken vermeiden müßten. Zu den möglichen

Mikrowellenfolgen gehörten neben Störungen des Nervensystems zum Beispiel Leukämie, Hautkrebs, Schuppen-
flechte und Grauer Star. Obwohl Stoessel versicherte, daß die
Intensität der Strahlung weit unter der niedrigen Sicherheitsgrenze liege, die Bestandteil der strengen sowjetischen Arbeitsschutzbestimmungen ist, bot er den angesprochenen Personen
Posten außerhalb der Sowjetunion an, auf die sie sich versetzen lassen könnten – ein Widerspruch, den er selbst nicht
zu verstehen schien. Mit großem Ernst verlangte er aber, daß
über die Sache strenges Schweigen zu bewahren sei. Zu diesem Versuch, über die Angelegenheit nichts laut werden zu
lassen, bemerkte die *Los Angeles Times,* er sei wohl von der
Befürchtung bestimmt gewesen, eine öffentliche Berichter-
stattung über die neue Strahlenäffäre würde den amerikanisch-
sowjetischen Beziehungen schaden. Die Situation war ja, daß
die offizielle Politik der Entspannung innerhalb der USA
heftig umstritten war. Gleich, welches der wirkliche Grund
für die geplante Geheimhaltung war – dem Zeitungsbericht
wurde augenblicklich an höchster Stelle große Aufmerksamkeit zuteil. Botschafter Stoessel sowie das Außenministerium
in Washington lehnten es aber ab, zu irgendeinem der in dem
Bericht erwähnten Aspekte Stellung zu nehmen. Der einzige
Kommentar stammt von Präsident Ford, der am Tag nach
dem Erscheinen des brisanten Artikels bei einer Wahlkund-
gebung in New Hampshire nach seiner Meinung gefragt wurde:
„Ich glaube wirklich nicht, daß jetzt bereits über diese Angelegenheit diskutiert werden sollte." Kein Wort darüber, daß
er selbst im vergangenen Winter an Parteichef Breschnew
einen Protestbrief gesandt hatte, in dem es zur Bestrahlung
der Moskauer US-Botschaft hieß: „Wenn das Ganze wahr ist,
so liegt hier ein ernster Zwischenfall vor".

Bald kursierten unter allen Menschen, die in der Moskauer
US-Botschaft wohnten und arbeiteten, Gerüchte darüber, daß
sie einer gefährlichen Strahlung ausgesetzt sein könnten. Die
amerikanische Regierung lockerte darauf hin ihre bisherige
Schweigetaktik und verlegte sich auf kurze, beschwichtigende
Erklärungen. Der Moskauer Botschaftsarzt, Major der US-
Luftwaffe, verweigerte zwar Reportern jede Auskunft, zer-

streute aber die Bedenken der Eltern amerikanischer Kinder, die den Kindergarten im Erdgeschoß des 10-Stockwerke-Hauses besuchten: die Wahrscheinlichkeit einer Gefährdung sei „äußerst klein". Einige Tage darauf bekam die Botschaftsleitung von Washington die Erlaubnis, allen in Moskau lebenden amerikanischen Bürgern ausdrücklich zu versichern, daß in den untersten Stockwerken und im Tiefgeschoß des Gebäudekomplexes keine störende Strahlung festgestellt worden sei. Das betraf vor allem die Räume, in denen die Sanitätsstelle des Arztes und die beliebte Imbißstube untergebracht sind. Keine Auskunft war jedoch darüber zu erhalten, inwieweit eine Strahlengefahr für die drei Obergeschosse bestand, in denen sich die wichtigsten Büros einschließlich dem des Botschafters befinden. Es hieß aber, medizinische Untersuchungen der wichtigsten Persönlichkeiten und ihrer Familien würden vorbereitet, und beim gesamten Botschaftspersonal habe man mit der Entnahme von Blutproben begonnen, an denen das Verhalten der weißen Blutkörperchen untersucht werden solle. Trotz des eisigen Winterfrostes entfernten Arbeiter in der ganzen Botschaft reihenweise die Doppelfenster und montierten an der Außenseite Aluminiumgitter, die Mikrowellen ablenken. Später erfuhr man, diese Maßnahme sei mit ausdrücklicher Billigung von Außenminister Kissinger durchgeführt worden, der sich Pressevertretern gegenüber zufrieden darüber äußerte, daß die Regierung „trotz des Feingefühls, mit dem die ganze Sache behandelt werden muß, rasch einseitige Anstrengungen zur Verringerung der Gefahr unternommen" habe. (Die „andere Seite" schickte ihren Strahlensegen unvermindert weiter über die Straße.)

Offizielle amerikanische Stellen vertraten in diesen ersten Tagen der neuen Mikrowellen-Krise einmütig den Standpunkt, die Russen wollten mit Hilfe der Mikrowellen die Batterien der in Wänden und Fußböden des Botschaftsgebäudes wahrscheinlich eingebauten Minisender aufladen. Die offensichtliche Besorgnis der US-Regierung wegen möglicher Gesundheitsschäden beim Personal sei nur vorsorglicher Natur. Von Beschwerden könne nicht die Rede sein. Doch am 16. Februar 1976 schrieb die Zeitung *Boston Globe,* Botschafter Stoessel leide an einer an Leukämie erinnernden Blutkrankheit, und diese könnte möglicherweise von der Strahleneinwirkung verursacht oder verschlimmert worden sein. Noch am selben Tag erklärte ein Sprecher der Botschaft:

„Alles, was wir an Berichten über die Gesundheit des Botschafters zu Gesicht bekommen haben, ist unrichtig oder irreführend. Es geht nicht an, daß wir anfangen, über das Befinden des Herrn Botschafters und anderer Einzelpersonen Kommentare abzugeben. Jedenfalls fühlt sich der Botschafter wohl, erfüllt seinen gedrängten Terminplan und führt ein aktives Leben; und er wurde weder früher noch in diesen Tagen ärztlich behandelt.“

Zehn Tage später kam die neue Version auf, die Russen hätten ihre Strahlen nicht deshalb auf die Botschaft gerichtet, um ihre eigenen Lauschgeräte zu aktivieren, sondern um amerikanische Mikrowellenantennen wirkungslos zu machen, die auf dem Dach des Botschaftshauses angebracht waren. Die *New York Times* wußte dazu zu berichten: „Unsere Regierungsbeamten sagten, sie akzeptierten das Argument der Sowjets, Mikrowellenstrahlung sei nur deshalb auf die US-Botschaft gerichtet, um die hochentwickelten Funküberwachungsanlagen außer Gefecht zu setzen, die auf dem Dach montiert sind, nicht aber, um die Botschaft abzuhören oder dem dort arbeitenden Personal zu schaden." Nicht bekanntgegeben wurde, warum es für nötig erachtet worden war, jetzt so rasch die Fenster der Botschaft zu vergittern. Auf einen Grund dafür läßt jedoch ein Absatz im schon zitierten *Times*-Artikel schließen: „Wie aus gut unterrichteter Quelle verlautet, hatte es beim Botschafter W. J. Stoessel gewisse Komplikationen gegeben. Man sagt, daß er in letzter Zeit unter Übelkeit sowie Blutungen in den Augen zu leiden hatte; nun fühle er sich aber besser. Zwar deute nichts darauf hin, daß die Erscheinungen direkt auf den Mikrowelleneinfluß zurückzuführen sind, doch theoretisch könnte die Möglichkeit bestehen." Dann aber enthüllte die Zeitung, daß in den 60er und frühen 70er Jahren bereits drei von Stoessels Vorgängern gegen die Gefährdung durch Strahlen diplomatische Proteste bei den Russen eingelegt hatten (zwei von

diesen Männern sind übrigens später an Krebs gestorben).
Erstaunlich dabei scheint, daß damals die Mitarbeiter nicht
über die Strahlengefahr informiert wurden. Diese Tatsache
ist geeignet, ein neues Licht auf einen Fall zu werfen, der nun
am 28. Februar 1976 von der Agentur Associated Press (AP)
aufgegriffen wurde. Danach waren soeben einem früheren
Verwaltungsbeamten der Moskauer US-Botschaft, dessen
Frau dort als Sekretärin tätig gewesen war und die im Jahre
1968 an Krebs starb, rund 10 000 Dollar als Schadensersatz
zugesprochen worden – Begründung: die Frau sei leider
falsch behandelt worden. Der Witwer hatte allerdings die Regierung deshalb verklagt, weil er der Meinung war, seine Frau
sei schon damals ein Strahlenopfer gewesen. Gegen solche
Rechtsansprüche, die als Folge der Situation in Moskau auf
den Staat noch zukommen können, sah sich die Regierung
keineswegs gerüstet. Darauf zielt auch ein Hinweis, der Anfang März 1976 in der Presse zu lesen war: Hohe Beamte
des Außenministeriums seien anfangs gegen jeden öffentlichen Protest gegen die russischen Mikrowellen gewesen, weil
dadurch erstens den Sowjets die Genauigkeit der amerikanischen elektronischen Überwachungseinrichtungen bekannt
werden müßte, zweitens aber später von Botschaftsangehörigen wegen jeder Krankheitserscheinung Schadensersatzansprüche geltend gemacht werden könnten. Wenn die Botschaftsleitung dieses Mal wegen der (vermutlich eben d o c h
schädlichen) Mikrowellenbestrahlung Erklärungen abgab, so
war dieses Vorgehen natürlich mit dem Außenministerium ab-
gestimmt worden. Dort hatte sich die späte Überzeugung
durchgesetzt, daß die Gesundheit der Mitarbeiter eine zu
wichtige Sache ist, als daß man den Betroffenen zumuten
könnte, sie weiter ahnungslos aufs Spiel zu setzen.

Es scheint allerdings, daß die Beamten in Washington
die ziemlich heftige Reaktion der so lange getäuschten
Leute in der Moskauer Botschaft nicht erwartet hatten.
Deren Empörung kam in einem Telegramm zum Ausdruck,
das vom Leiter der Moskauer Sektion des Bundes der Beamten des Auswärtigen Dienstes der USA nach eingehender Beratung mit etwa 40 Botschaftsangehörigen am 19. Februar

1976 direkt an Außenminister Kissinger gesandt wurde. Darin wurde Kissinger aufgefordert, eine nicht geheime Erklärung herauszugeben, in der offiziell versichert wird, daß es bisher keinen Beweis dafür gibt, daß frühere oder jetzige Mitarbeiter der Moskauer US-Botschaft von Mikrowellen ausgehende Gesundheitsschäden erlitten haben. Ferner solle der Außenminister untersuchen lassen, wieso es bei den in der Botschaft tätig gewesenen Frauen unverhältnismäßig viele Fehlgeburten gegeben habe, und dabei klären, ob Mikrowellenstrahlen tatsächlich für Schwangere und ihre ungeborenen Kinder eine Gefahr bilden. Ferner sollte offengelegt werden, ob es wegen Gesundheitsfolgen bei früheren Mitarbeitern der Moskauer Botschaft zu irgendwelchen Rechtsverfahren und Regreßansprüchen gegen das Außenministerium gekommen sei. Man wolle auch wissen, warum es den obersten Beamten auf einmal geraten erschien, auf mögliche „schmerzliche Folgen" der Strahlung hinzuweisen — ob zum Beispiel für den Entscheid nicht doch bei ehemaligen oder jetzigen Botschaftsangehörigen aufgetauchte ärztliche Befunde ausschlaggebend gewesen sind. Abschließend wird Aufklärung darüber verlangt, warum die Metallgitter nicht viel früher vor die Fenster des Botschaftsgebäudes montiert wurden, wenn doch die Wirkung von Mikrowellen auf so einfache Weise gemildert oder neutralisiert werden kann.

Gegen die Berechtigung solcher Forderungen konnte der Außenminister nichts sagen; es blieb ihm keine andere Wahl, als im März 1976 anzukündigen, all die tausende von Botschaftsangestellten nebst Familienangehörigen, die jemals in Moskau wohnten und arbeiteten, könnten sich einer kostenlosen Generaluntersuchung unterziehen. Anschließend versuchte das Ministerium, der Angst und Verärgerung seiner Moskauer Mitarbeiter mit einigen erklärenden Druckschriften zu begegnen. Darin stand nur Beruhigendes: Keine Verbindung zwischen Strahlung und Fehlgeburten; Strahlungsintensität meist weit unter 1 Mikrowatt/cm² (nur zwischen Oktober 1975 und Januar 1976 waren manchmal an einer besonders exponierten Ecke des Gebäudes maximal 18 μW/cm² festgestellt worden); die Gitter wurden einfach deshalb nicht frühzeitiger angebracht, weil das niemand für nötig hielt, nachdem doch in den USA eine ganztägige Exposition gegenüber einer über hundertmal intensiveren Mikrowellenstrahlung noch als zuträglich gilt. Aus dem gleichen Grund habe man auch keine Information für erforderlich gehalten, zumal sich die Experten über die Natur des „Signals" im unklaren waren und nicht erwarten konnten, daß Befürchtungen laut werden. Bei ärztlichen Untersuchungen gefundene Leiden hätten niemals den geringsten Anhaltspunkt für einen Zusammenhang mit der Mikrowellenstrahlung in Moskau ergeben.

Doch der Erregung über die zumindest ungeschickten Führungsmethoden der leitenden Beamten des Außenministeriums war damit nicht ohne weiteres beizukommen. Erneutes Mißtrauen gegenüber der Ehrlichkeit der Verwaltung äußerte nun auch J. D. Hemenway, der Präsident des über 6 000 Mitglieder umfassenden Bundes der Beamten des Auswärtigen Dienstes. Er stellte fest, daß die offizielle Verschleierungspolitik wieder zunehme und bezweifelte, daß die Fachleute, die sich mit der Überprüfung der Situation in der Moskauer Botschaft befaßt hatten, objektiv hatten urteilen können, nachdem sie wohl ausschließlich vom Ministerium selbst verpflichtet worden waren.

Jedenfalls gab es nun einen festumrissenen Kreis von Männern, Frauen und Kindern, die (sozusagen als unfreiwillige Versuchskaninchen) jeweils lange Zeit — und zwar in genau nachprüfbaren Zeiträumen — Mikrowellenstrahlungen von sehr niedriger Intensität ausgesetzt gewesen waren. Die großzügige Untersuchung, die das Außenministerium allen Amerikanern zugesichert hatte, die in den letzten 15 Jahren in der Moskauer Tschaikowskystraße längere Zeit gearbeitet hatten, müßte also über die möglichen Folgen ständiger Mikrowellenexposition wertvolle Erkenntnisse erbringen. Frühere und bestehende Beschwerden könnten rückwirkend in Hinblick auf die Strahlungsexposition neu beurteilt werden. Jedoch: Auf einem anderen Blatt steht, ob die Ergebnisse der neuen Untersuchungsreihe eine wirklich neutrale Bewertung erfahren und tatsächlich vollständig veröffentlicht werden.

Denn alles, was seit dem Sommer 1976 zum Beispiel über die Moskauer Situation mitgeteilt wurde, trägt wieder den Stempel der alten Verschleierungstaktik. Noch immer ist für viele Vorgänge aus der früheren Praxis, über die inzwischen Einzelheiten durchsickerten, keine befriedigende Erklärung zu erhalten. Beispielsweise wurde bekannt, daß der medizinische Berater des Außenministeriums in Sachen Mikrowellen, Dr. Herbert Pollack, unmittelbar, bevor der Botschafter Stoessel seine Mitarbeiter informierte, zur Abschätzung der Strahlengefahr nach Moskau geschickt worden war. Schon 1966 war er führend am „Projekt Pandora" beteiligt gewesen, dessen Ergebnisse zehn Jahre lang unter Verschluß lagen, obwohl sie nicht viel aussagen. Barton Reppert von Associated Press berichtete übrigens am 3. Mai 1976 über ein Gespräch, das er mit dem heutigen Industriedirektor Richard S. Cesaro geführt hat, der seinerzeit für das Projekt Pandora verantwortlich zeichnete. Cesaro betonte, seinem Gefühl nach hätte man damals die Tierversuche nicht nach drei Jahren abbrechen sollen. Denn bekanntlich wurden bei den Rhesusaffen, welche dem imitierten Moskauer Mikrowellensignal ausgesetzt waren, doch einige Verhaltensänderungen beobachtet, die nun unerklärt bleiben mußten. Und der 1976 bei der NASA tätige, früher ebenfalls mit den Washingtoner Experimenten befaßte Psychologe Dr. J. C. Sharp erklärte vielsagend: „Wenn bestimmte Selbstbeschränkungen, die wir uns damals auferlegen mußten, fortfallen können, würde ich für eine Fortführung solcher Versuche stimmen." Denn der große Nachteil bei einem Geheimprojekt sei, daß man nur mit einem kleinen Kreis eingeweihter Fachleute sprechen und folglich zu wenige verschiedene Ansichten sammeln und gegeneinander abwägen kann. „Wir fühlten uns, als hätte man uns einen Arm auf dem Rücken festgebunden, weil wir nicht einmal mit unseren (nicht an den Versuchen beteiligten) Klinikchefs über die Sache reden durften." An Dr. Pollack erinnern sich die übrigen Mitarbeiter von Projekt Pandora als an einen Skeptiker, der an die Möglichkeit einer gesundheitsschädlichen Wirkung von Mikrowellen nie glauben mochte. Nun, da Dr. Pollack wieder im Rampenlicht stand, erfuhr

der Journalist Barton Reppert von ihm auf die Frage, wie er
denn heute zu dem Problem stehe, lediglich, daß man „eben
nichts genaues weiß". Es muß als Fehlgriff des Außenministeriums betrachtet werden, daß es in Dr. Pollack wegen
dessen früherer Mitarbeit beim Projekt Pandora und im Re-
gierungsbeirat für die Handhabung elektromagnetischer Strahlungen geradezu d e n Experten sah. Von vielen Angehörigen
der Moskauer Botschaft wurde diese Einschätzung ebenfalls
nicht geteilt. Denn in ihrem Telegramm an Henry Kissinger
begründeten sie ihre Forderung nach einer „Beratung des
Ministeriums durch unparteiische Experten" ausdrücklich mit
ihrem Zweifel an der Unvoreingenommenheit Dr. Pollacks,
den man ja in Moskau kannte.

Eine neue Welle von Sensationsmeldungen und Dementis
brach über die Nachrichtenmedien herein, als Associated
Press gemeldet hatte, in Moskau habe der CIA festgestellt,
daß eine nach außen führende Telephonleitung eine intensive
Mikrowellenstrahlung direkt in Botschafter Stoessels Büro,
wahrscheinlich sogar ihm direkt ins Ohr leitete.

Keine widersprüchliche Reaktion erfolgte dagegen auf eine
Meldung der Agentur Reuter vom 26. Juni 1976, wonach
zwei dreijährige Mädchen, Kinder von zwei Mitarbeitern der
Moskauer US-Botschaft, nach einer ärztlichen Untersuchung
zur weiteren Beobachtung heim in die USA geschickt worden
waren. Laut New York Times bestätigte das Außenministerium
sogar, der Grund dafür seien Unregelmäßigkeiten in der Blut-
zusammensetzung gewesen. Doch was die allgemeine Blutun-
tersuchung bei allen Botschaftsangehörigen anbetreffe, so habe
sich dabei kein Beweis für einen Zusammenhang zwischen der
Mikrowellenbestrahlung und Veränderungen im Blut gezeigt.

Die Nachricht über die zwei Kinder veranlaßte das Außenministerium, eine neue, zusätzliche Erklärung für die Presse
auszuarbeiten. Daraufhin stand am 8. Juli 1976 in der New
York Times unter der Schlagzeile „Sowjets vermindern die
Strahlen auf die US-Botschaft" ein Leitartikel, der wie folgt
begann:

*„Heute wird hier bekannt, daß die sowjetischen Behörden
in den letzten Monaten die Intensität der auf die Amerikani-*

sche Botschaft in Moskau gerichteten Strahlung stark reduziert haben. Doch nach seiner ersten ausführlichen Stellungnahme zu dem Fall zu urteilen, hat das Außenministerium den Russen nicht den leisesten Vorwurf deswegen gemacht, daß die Strahlung fortgesetzt einwirkt, wenn auch jetzt in kaum mehr nennenswerter Stärke. Man muß schon sagen, daß dies von einem Mangel an Interesse in Bezug auf Lebens- und Arbeitsbedingungen unserer Leute in Moskau zeugt."

Auf die Frage, warum man die Russen noch immer intern kritisieren müsse, obwohl sie die Strahlungsintensität nun weit unter die Sicherheitsgrenze gesenkt haben, welche von den Regierungen als ausreichend angesehen wird, meinte der Sprecher des amerikanischen Außenministeriums, die ständige Bestrahlung habe zumindest psychologische Wirkung und bleibe daher problematisch. Und er fügte hinzu, für die geplante Generaluntersuchung aller früheren und jetzigen Botschaftsangehörigen, die dem „Moskauer Signal" ausgesetzt waren, habe man die John-Hopkins-Universität unter Vertrag genommen. Wenig später wurde dazu bekanntgegeben, daß das eine Million Mark verschlingende Projekt auch bio-statistische und epidemiologische Untersuchungen sowie die Beurteilung der Krankengeschichte und früherer medizinischer Berichte aus den letzten zehn Jahren umfaßt. Leiter und Koordinator des Unternehmens wurde Prof. Dr. Abraham M. Lilienfeld, der in den frühen 60er Jahren eine Verbindung zwischen der Exposition von Männern gegenüber Radarstrahlen und der Entwicklung von Mongolismus bei ihren Kindern vermutet hatte. Ihm war bei weiteren Forschungen auch aufgefallen, daß sich im Blut ehemaliger Radartechniker, sehr viel häufiger als normal, entartete Chromosomenbildungen fanden.

In einer Pressekonferenz hatte Außenminister Kissinger gerade über seine Politik in Bezug auf die Moskauer Mikrowellenaffäre gesagt: „Hier waren verschiedene Vor- und Nachteile gegeneinander abzuwägen; daher erfolgt keine harte Verurteilung der Bestrahlung unserer Moskauer Botschaft. Doch unser Hauptaugenmerk wird natürlich der Gesunderhaltung unserer Mitarbeiter gelten", – da erschien aus der Feder des unermüdlichen Barton Reppert eine Story, die über Associated Press weite Verbreitung fand. Sie brachte über alle Maßen niederschmetternde Enthüllungen über frühere Regierungspraktiken bei der Mikrowellenforschung. Unwillkürlich mußte man sich nun fragen, ob für die Männer und Frauen in Amerikas Moskauer Botschaft das von Henry Kissinger bestätigte Prinzip der Verantwortlichkeit des Außenministeriums für die Gesundheit seiner Bediensteten einen Wert hat. Denn am 26. Juli 1976 stand in allen großen Zeitungen, daß vom Außenministerium schon in den Jahren 1967 und 1968 Spezialtests zur Erkennung genetischer Defekte angeordnet worden waren, die über 18 Monate bei allen Beamten und Angestellten vorgenommen wurden, die aus Moskau zurückkehrten. Die Betroffenen erfuhren über den wahren Zweck der Untersuchung nichts. Wenn sie fragten, wurden sie bewußt irregeführt; sie sollten glauben, es handele sich um eine Routine-Kontrolle.

Barton Reppert hatte nun Dr. Jacobsen interviewt, der damals die Analysen zu den Spezialtests in einem Institut der medizinischen Akademie der George-Washington-Universität durchzuführen hatte. Der bezeichnete das Gesamtergebnis als uncharakteristisch. Früher einmal hatte er sich gegenüber Dr. Thomas H. Gresinger, seinerzeit an der gleichen Fakultät tätig, im Detail geäußert: es hätten sich „seltsamerweise viele Chromosomenbrüche gezeigt". – Dr. Gresinger wurde von der Akademie gerade abberufen, als er erkannt hatte, wozu die an den Moskau-Rückkehrern durchgeführten Tests eigentlich dienten. Der heutige Privatarzt erinnert sich: „Einmal hörte ich, wie sich zwei Labortechniker über die Ausflüchte lustig machten, die sie auf Fragen der untersuchten Botschaftsleute gebrauchen mußten. Die stets vorgenommenen Mundabstriche erklärten sie als notwendig zur eventuellen Feststellung bakterieller Infektionen. Als ich ‚Mundabstriche' hörte, spitzte ich die Ohren. Mundabstriche sind niemals geeignet für Bakterienkulturen. Kratzproben von den Innenseiten der Wangen dienen vielmehr dazu, Material für die Untersuchung von Chromosomen auf Abnormalitäten zu gewinnen. Ich fragte deshalb bei nächster Gelegenheit Dr.

Jacobsen direkt, was da eigentlich gespielt würde. Und dieser erklärte mir, solange auf die Moskauer US-Botschaft eine elektromagnetische Strahlung gerichtet sei, müsse er bei allen von dort zurückkehrenden Mitarbeitern bzw. Familienangehörigen prüfen, ob Chromosomenschäden vorliegen. Solche fänden sich auch in beträchtlicher Zahl."

Nur die amerikanischen Präsidentschaftswahlen verhinderten, daß die Angelegenheit im Herbst 1976 in der Öffentlichkeit weitere Aufmerksamkeit erregte. Aber im September verließ Botschafter Stoessel Moskau „aus Gesundheitsgründen" — und wurde darauf amerikanischer Botschafter in der Bundesrepublik. Denn aufgrund eines medizinischen Gutachtens war zu erwarten, daß sich seine unbekannte Blutkrankheit in der strahlungsfreien Umwelt von Bonn-Bad Godesberg bessern werde. Und am 12. November 1976 erklärte das Außenministerium in einer unauffälligen Verwaltungsanordnung den Botschaftssitz Moskau zum „ungesunden Posten" wie eine Hauptstadt in manchem tropischen Entwicklungsland. Für die in Moskau Beschäftigten war damit eine 20 %ige Härtezulage zum Gehalt verbunden. Begründet wurde die Maßnahme mit einer neuen Einschätzung der Umweltbedingungen: beschränkte ärztliche Betreuung, niedrigerer Standard der Krankenhausversorgung und der sanitären Einrichtungen, extreme Klimaschwankungen. In der Verordnung stand nichts darüber, ob sich etwa Klima usw. in Moskau mit der Zeit verändert hätten, und selbstverständlich fand die Möglichkeit gesundheitsschädlicher Auswirkungen von Mikrowellenstrahlen überhaupt keine Erwähnung. Seitdem erscheint es vollkommen klar, daß man sich im Außenministerium über die Mikrowellen-Situation in Moskau nur noch äußern will, wenn es absolut nicht zu umgehen ist. Man hofft ganz offensichtlich, die Affäre werde wieder vorübergehen und dann recht bald der Vergessenheit anheimfallen — ganz im Sinne von Elektronikindustrie und Pentagon. Rückschauend betrachtet ging diese Rechnung wohl auf. Zwar widmeten sich illustrierte Magazine mehrfach dem Fall, doch zu diplomatischen Verwicklungen kam es nicht. Und im Mai 1979 scheint die Bestrahlung gänzlich eingestellt worden zu sein.

8. Hektische Reaktionen

Die vom amerikanischen Außenministerium bei der Moskauer Mikrowellenaffäre vollführten strategischen Manöver waren sicherlich zu einem guten Teil von den Interessen des Verteidigungsministeriums im Pentagon bestimmt. Wenn dort die Parole gilt, daß auch stärkere Mikrowellenstrahlung den Angehörigen der Streitkräfte nicht schadet, kann eine andere Regierungsbehörde nicht vor der Gefährlichkeit von Mikrowellenstrahlungen viel geringerer Intensität warnen. Als daher der Verfasser des vorliegenden Buches in der Zeitschrift *The New Yorker* das Ergebnis seiner Recherchen über die Möglichkeit einer Mikrowellengefahr zunächst als Artikelserie veröffentlichte, ließen Dementis und Gegenmaßnahmen nicht auf sich warten. Vor allem ein Bericht über den „ungesunden Moskauer Posten", der am 20. Dezember 1976 erschien, führte zu einer Blitzreaktion der zuständigen Beamten: Noch am gleichen Tag erreichte den Stab der Moskauer US-Botschaft ein mit dem Namen Kissingers unterzeichnetes vertrauliches Telegramm aus Washington. Es trug den „Titel" *Sachliche Presseanleitung zum letzten Artikel des „New Yorker" über Mikrowellen.* Der Text war als Frage- und Antwortspiel abgefaßt; neun Fragen, von denen man sich vorstellte, daß sie von Reportern in ungefähr dieser Form gestellt werden könnten, waren neun amtliche Antworten gegenübergestellt, die der Sprecher des Außenministeriums sinngemäß geben müßte. Der Botschaft wurde dazu mitgeteilt: „Sie können diese Anleitung dazu benutzen, Ihren Mitarbeiterstab intern zu unterrichten. Anfragen von Presseorganen sind jedoch zur direkten Beantwortung an das Außenministerium weiterzuleiten." Es hat wenig Sinn, die beruhigenden diplomatischen Floskeln hier wiederzugeben, mit denen man die Öffentlichkeit abzuspeisen gedachte. Als Beispiel sei die fiktive Frage Nummer 2 im vollen Wortlaut aufgeführt, die ihren Verfassern bei der Formulierung einiges Unbehagen verursacht haben dürfte und gewissermaßen eine Flucht nach vorn darstellt: „Steht das Außenministerium nicht in seinen Handlungen unter dem Druck des militärischen und industriellen Interesses, die Bedeutung von Mikrowellenwirkungen auf die menschliche Gesundheit herunterzuspielen und zu verschleiern?". Die zugehörige Antwort war in ihrer Kürze typisch; sie lautete einfach: „Nein". — Daß das Außenministerium in der Lage war, mit seiner Serie von vorgefertigten Entgegnungen und ausweichenden Antworten auf mutmaßliche Fragen seine Moskauer Mitarbeiter zu beruhigen, ist wohl kaum anzunehmen. Doch man hatte bald alle Hände voll damit zu tun, auf eine andere aufregende Sache zu reagieren. Am 4. Januar 1977 wurde nämlich an alle in Moskau wohnenden amerikanischen Bürger eine „Aktennotiz über Lymphozytose" verteilt. Darin wurde einleitend bekanntgemacht:

„In den letzten Monaten hat der Arzt unserer Botschaft bei der Auswertung der Blutproben eine leiche Erhöhung der Lymphozytenmenge gegenüber der normal üblichen Zahl dieser Blutkörperchen beobachtet, und zwar bei genau einem Drittel aller untersuchten Personen. Wenn die Lymphozyten pro gegebene Blutmenge häufiger als normal vorhanden sind, spricht der Mediziner von *Lymphozytose*. Eine Vermehrung der Lymphozyten ist an sich kein Grund zur Besorgnis, sondern ein Anzeichen für ein aktuelle Abwehrreaktion. Eine solche tritt zum Beispiel bei akuter Virusinfektion auf. Doch die von einem unabhängigen Labor ausgeführten Analysen erbrachten keinen Hinweis auf einen Krankheitserreger. Der Grund für die Lymphozytose bleibt daher unbekannt. Gegenwärtig wird vermutet, daß ein Faktor in der Moskauer Umwelt für diese heilsame Reaktion des Blutes mancher Leute verantwortlich ist. Ein Zusammenhang mit der auf die amerikanische Botschaft gerichteten Mikrowellenstrahlung besteht n i c h t."

Auch diese Neuigkeit machte in der Presse umgehend Furore. Ein besonders informativer Bericht erschien mit der Schlagzeile „Strahlung ist praktisch keine Gefahr für die Amerikaner in Moskau" in der renommierten *Washington Post*. Victor Cohn, der den Artikel geschrieben hat, hatte sich noch am Tag des Bekanntwerdens der Lymphozytose-Warnung mit Dr. Pollack in Verbindung gesetzt, der einige wichtige Hintergrundinformationen beisteuerte: Bei 213 jetzt oder früher einmal in der Moskauer Botschaft Beschäftigten hatten Blutuntersuchungen stattgefunden. Die vom Außenministerium in seiner Lymphozytose-Information als „leichte Erhöhung" beschriebene Steigerung der Lymphozytenmenge betraf 64 Personen und lag immerhin um 40 Prozent. Und neben der Zahl der Lymphozyten war in allen Fällen auch die Zahl dreier weiterer Arten von weißen Blutkörperchen gestiegen. Aber auch Dr. Pollack erklärte es für absolut unmöglich, daß die Erscheinungen mit der Mikrowellenstrahlung in Zusammenhang stehen könnten. Denn „die Blut-Unregelmäßigkeiten erstrecken sich ja gleichermaßen auf Leute, die der Strahlung voll, nur teilweise oder überhaupt nicht ausgesetzt waren." Also habe man es mit einem unbekannten Faktor aus der Umwelt zu tun; eine leichte Virusinfektion sei schon am wahrscheinlichsten. Möglicherweise gebe es Lamblien im Trinkwasser, eine Art von Darmparasiten, die schon manches Mal bei Touristen in Leningrad zu Leibschmerzen geführt hätten. Man werde daher das Moskauer Trinkwasser darauf untersuchen.

Was Dr. Pollack nicht erklären konnte, waren die Gründe, die ihn zu der Ansicht brachten, daß manche Leute in der Botschaft der Strahlung „niemals ausgesetzt" gewesen sein sollen. Unerfindlich blieb auch, wieso er so genau wissen wollte, daß die Strahlung nichts mit den Blut-Unregelmäßigkeiten zu tun hat. Schließlich entsprach doch gerade die Vermehrung weißer Blutkörperchen einer Beobachtung, die Wissenschaftler in aller Welt schon seit 20 Jahren bei mit Mikrowellen arbeitenden Technikern gemacht hatten. Sogar der im Juni 1976 erschienene „vierte Jahresbericht des Präsidialbüros für Funk- und Fernmeldewesen (OTP)" an den Kongreß bezeichnete die Beschleunigung der Zellteilung von Lymphozyten durch nicht-ionisierende Strahlungen ausdrücklich als *erwiesen* (vgl. Seite 97). – Nun, im Lichte der späteren Entwicklung erscheint Dr. Pollacks Interesse am Zustand des Moskauer Trinkwassers als Teil der vielen offiziellen Versuche, von der Möglichkeit biologischer Mikrowellen-Effekte abzulenken. So wurde auch Mitte Januar 1977 die

Meldung lanciert, 1976 habe sich im Trinkwasser zweier Moskauer Appartementhäuser, in denen auch Amerikaner wohnten, eine möglicherweise gefährliche Konzentration von Quecksilber und Blausäure gefunden. „Die US-Bürger in Moskau wurden darüber durch ein Rundschreiben informiert; das Außenministerium drang bei den Russen auf Beseitigung solcher Beimengungen." Doch drei Tage später stellte sich heraus, daß man einem Irrtum oder einer Falschmeldung aufgesessen war. Diesmal ganz versteckt stand in einigen Zeitungen: „Beamte des Außenministeriums teilten heute in Washington mit, die im letzten August in Moskau genommenen Trinkwasserproben seien durch Rückstände in den nicht richtig gesäuberten Testgefäßen verunreinigt gewesen."

Wie so oft, wurde das Außenministerium umgehend von weiteren Vorfällen überrascht. Diesmal mußte ein Junge im Vorschulalter wegen wechselhaft erhöhter Lymphozytenzahl im Blut die Heimkehr von Moskau nach Amerika antreten — was nach Auskunft von Diplomaten wiederum ‚keinerlei Bezug zu der seit einigen Jahren auf die Botschaft gerichteten Mikrowellenstrahlung' hatte. Daraufhin stand der neue, 36jährige Arzt und Geburtshelfer der Moskauer Botschaft, Oberstleutnant T. A. Johnson, im Mittelpunkt eines Berichtes der *Washington Post;* im Teufelskreis der vielen Gesundheitsrisiken, denen man in der Gemeinschaft der Botschaftsangestellten offenbar ausgeliefert war, schien er eine Schlüsselfigur zu sein. Er hatte auch Vergleichsmöglichkeiten; denn er behandelte Patienten von 90 weiteren ausländischen Botschaften in Moskau, darunter 20 Botschafter. Zu den Klagen und Beschwerden der Amerikaner in Moskau lautete seine Generaldiagnose: Psychischer Streß, der sich in Schlafstörungen, inneren Entzündungen, Magengeschwüren und Potenzschwierigkeiten manifestiert. Bei der Aufzählung dieser Symptome war sich Dr. Johnson nicht der Tatsache bewußt, daß dies alles auch altbekannte Begleiterscheinungen des Umgangs mit Mikrowellen waren, vielfach dokumentiert in der medizinischen Fachliteratur der USA wie der Sowjetunion. Auch als er beruhigend von einem „verständlichen Ansteigen der Hypochondrie" sprach, war Dr. Johnson sicher nicht klar, daß damit ein weiteres altes Forschungsergebnis nur bestätigt wurde: Hypochondrie tritt ebenfalls als Merkmal der Beschwerden bei Mikrowellentechnikern in Industrie und Militär auf. Dr. Johnson erläuterte unverdrossen seinen Patienten selbst dann noch, die Mikrowellenstrahlung habe nichts zu bedeuten, als er sich und seine Familie schon selbst gefährdet glaubte und die Rückkehr nach Amerika vorbereitete. Die Menschen in der Botschaft hatten auch kein Vertrauen in einen Arzt, der, wie es die Frau eines Beamten später ausdrückte, „seine Kenntnisse und Anweisungen vom Verteidigungsministerium bezog, wodurch es kein Wunder ist, daß er uns nichts von Bedeutung zu sagen wußte". Bei einem Interview mit der *Washington Post* unterstützte Dr. Johnson voll und ganz die in der „Lymphozyten-Instruktion" enthaltene Version von der „heilsamen zeitweiligen Vermehrung weißer Blutkörperchen aus nicht näher bekannter Ursache" und meinte, seine damaligen Patienten hätten sich inzwischen an die mit ihrer Tätigkeit in der Moskauer Botschaft eben verbundene ungewisse Gefahr gewöhnt. Er habe in der letzten Zeit jedenfalls nicht mehr solch „hektische Reaktionen" erlebt wie unmittelbar nach den ersten Presseenthüllungen. (Damit meinte er natürlich rein psychologisch bedingtes, aufgeregtes Verhalten; nicht etwa die Reaktion von Blutzellen und Nerven auf die Strahlung.) Also gab Dr. Johnson erst recht keinen Kommentar zum Fall einer in der Botschaft wohnenden Familie, die wegen soeben entdeckter Vermehrung der weißen Blutkörperchen in ganz besonders großem Umfang zum Frühjahr 1977 in die USA zurückbeordert wurde, oder gar zu der mittlerweile gerüchteumwobenen Blutkrankheit des ehemaligen Botschafters Stoessel, der so viele Jahre den sowjetischen Strahlungsquellen direkt ausgesetzt gewesen war. Stattdessen beschrieb er, daß zwei hochrangige Amerikaner im Winter 1976 eiligst von der Moskauer Botschaft zu Blinddarmoperationen nach Helsinki gebracht werden mußten, und zwar wegen des von ihm ja schon immer festgestellten allgemeinen Streß, der Entzündungen dieser Art begünstigt. Daß innerhalb von drei Monaten noch weitere vier

Blinddarmentzündungen in dem doch recht begrenzten Mitarbeiterkreis der Botschaft zu behandeln waren, hielt Dr. Johnson jedoch für unbedeutend. Drei dieser vier Fälle betrafen eine Familie, die im sechsten Stock des Botschaftsgebäudes wohnte, der vierte die Ehefrau eines politischen Beraters, ebenfalls im sechsten Stock wohnhaft. Es ist nicht bekannt, ob nicht wenigstens den leitenden Beamten in Botschaft und Ministerium der Gedanke gekommen ist, möglicherweise seien hier die Mikrowellen nicht unbeteiligt. Bekannt seit langem ist aber, daß Mikrowellenstrahlung geringer Intensität schädlich auf alle Organe des Verdauungstraktes zu wirken vermag, zu dem auch der Blinddarm gehört. Und schließlich ist bekannt, daß die Appartements der von den Blinddarmentzündungen heimgesuchten Personen durchweg an der Hausfront zur Tschaikowskystraße lagen. . . .

9. „Projekt Pandora" in der Rückschau

Wie hoch nun die Leistungsdichte der Mikrowellenstrahlung in all den Jahren, in denen die Moskauer US-Botschaft schon davon betroffen war, im Durchschnitt gewesen ist, muß man sich weitgehend aus unklar formulierten Angaben in verschiedenen Verlautbarungen und Geheimstruktionen regierungsamtlicher Stellen zusammenreimen. Wenn etwa in dem Instruktionspapier „Das Moskauer Mikrowellensignal" vom März 1976 gesagt wurde, 1962 habe die Bestrahlung „jederzeit weit unter der Stärke gelegen, mit der *bekannte* biologische Gefahren verbunden sein könnten", so kann sich dies auch auf die damals noch unumstrittene amerikanische Sicherheitsgrenze von 10 mW/cm² beziehen. Und wenn sich die Strahlungsintensität immer weit unter 1 mW/cm² bewegte, wie in fast allen Druckschriften behauptet wird, dann bleibt zu fragen, warum seinerzeit die Angelegenheit als so gravierend betrachtet wurde, daß darüber auf dem Gipfeltreffen von Glassboro im Jahr 1967 gesprochen werden mußte. Wieso hatte man auch den Zeit- und Geldaufwand für die

118

dreijährigen Tierversuche des streng geheimen Projektes Pandora nicht gescheut?

Nach einer Auskunft, die Dr. Milton Zaret im Jahre 1965 gegeben wurde, setzte sich das in Washington imitierte „Moskauer Signal" aus vielen verschiedenen Frequenzen zusammen, wobei die Stärke „niemals 4 mW/cm² überstieg". Die Presse führte das Ganze auf die einfache Frage zurück: ‚Trügt Dr. Zaret sein Gedächtnis oder lügt das Außenministerium?' (Das letztere hatte ja in dieser Hinsicht schon Übung an den Tag gelegt, etwa bei der irreführenden Begründung für die im 7. Kapitel erwähnten Mundabstriche, die bei der Untersuchung von Botschaftsmitarbeitern vorgenommen worden waren.) Durch all das kam die Regierung in Zugzwang. Als sich Barton Reppert von Associated Press immer dringender auf das Recht einer freieren Information berief, gab das Verteidigungsministerium am 1. März 1977 vierzehn bisher geheime Dokumente über Projekt Pandora frei. Man begründete das zwar damit, nach fast einem Jahrzehnt könnte diese Maßnahme für die nationale Sicherheit keine Gefahr mehr mit sich bringen; es erscheint aber sehr fraglich, ob die Geheimhaltung mit der nationalen Sicherheit wirklich etwas zu tun hatte oder nur der allgemeinen Verschleierungspolitik diente. Immerhin geht aus Unterlagen vom Jahre 1966 hervor, daß der zur Imitation der Moskauer Mikrowellen-Signale im Walter-Reed-Armeeforschungsinstitut aufgestellte Mikrowellen-Generator mit der S-Band-Frequenz Leistungsdichten von mehr als 4 mW/cm² erreichen konnte. Nur steht nirgends, weshalb wohl eine so hohe Kapazität gewählt wurde.

Die weiteren der Öffentlichkeit jetzt zugänglichen Aufzeichnungen betreffen zumeist Protokolle von Sitzungen, die noch 1968 und 1969 zur Auswertung der „Pandora"-Ergebnisse stattfanden. Sie bestätigen, daß bei den Versuchen der höchsterreichbare Pegel der Strahlungsintensität auch häufig zur Anwendung kam. Jedermann fragt sich natürlich, weshalb dies bei einer „Imitation des Moskauer Original-Signals" nötig gewesen sein kann, wenn es sich in Moskau selbst nur um Tausendstel dieser Strahlungsintensität gehandelt hat. Der schon oft zitierte Dr. Pollack hatte unter anderem schriftlich niedergelegt, daß einer der Rhesusaffen mitunter 10 bis 21 Tage hintereinander und 10 Stunden täglich einer Strahlung von 4,6 mW/cm² ausgesetzt worden war, was bei dem Tier bei 40 Prozent der dem periphären Blutkreislauf entnommenen Blutzellen zu Chromosomen-Entartungen führte. Im April 1969 besprachen die Mitglieder der „Pandora"-Forschungsgruppe auch Untersuchungen an 21 Besatzungsmitgliedern des amerikanischen Flugzeugträgers *Saratoga,* auf dem angeblich „die Intensität der Mikrowellenstrahlung niemals den Wert von 1 mW/cm² überschritt". Diese Angabe erscheint als reine Tarnbehauptung; denn Elektronikfachleute der Marine hatten von jeher betont, auf dem Flugdeck eines solchen Schiffes betrage die Strahlungsstärke zu 80 Prozent sogar mehr als 10 mW/cm². Und die 21 Marinesoldaten wurden natürlich über den Zweck der Untersuchungen im Unklaren gelassen; dasselbe war offenbar auch für achtmonatige weitere Beobachtungen vorgesehen, die zur Erforschung von Strahlungsfolgen bei mit Mikrowellen arbeitenden Menschen vorgenommen werden sollten. Auch dabei wäre merkwürdigerweise eine Strahlungsintensität um 4 mW/cm² zum Einsatz gekommen − ganz in Übereinstimmung mit der offiziell abgelehnten These Dr. Zarets, das echte „Moskauer Signal" hätte ungefähr diese Stärke gehabt. Die Lösung aller mit dem Moskauer Signal verbundenen Fragen sollte unbedingt bis 1970 erreicht werden. Dazu gehörte die Klärung, ob das Signal in seiner wechselnden Stärke einen einmaligen, unverwechselbaren Charakter aufweist und ob den Sowjets spezielle Einsichten in die Benutzung nicht wärmewirksamer Mikrowellenstrahlung zum Verursachen biologischer und genetischer Effekte beim Menschen zur Verfügung standen.

Dann kam es zu einem mysteriösen Sinneswandel aller am Projekt Pandora noch beteiligten Forscher. Im August 1969 erklärte ein Offizier aus dem Walter-Reed-Institut plötzlich, es gebe doch keine Anhaltspunkte dafür, daß die bei den Experimenten benutzte Strahlung auf die Fähigkeit einiger dressierter Versuchsaffen, ihre eingeübten Aufgaben durchzuführen, einen Einfluß gehabt habe. Und nach dieser mit keinem Schriftstück belegten Information beschloß das

Komitee der „Pandora"-Forscher, die bereits getroffenen Entscheidungen nochmals auf Widersprüchlichkeiten und tatsächliche Erfordernisse zu überprüfen.

Doch ob die Beteiligten der Berechtigung der neuen Richtlinie wirklich auf den Grund gehen wollten, erscheint im Lichte der nun folgenden Entwicklung zweifelhaft. Wahrscheinlicher ist, die neue Analyse diente nur dem Zweck, das Komitee von weiteren Untersuchungen an Personen abzubringen, weil dann die Diskrepanz zwischen echten und veröffentlichten Daten klar zutage getreten wäre. In ähnlicher Weise wurden auch andere in die gleiche Richtung zielende Forschungsprojekte in den USA energisch abgebremst. Und das wissenschaftliche Komitee von Projekt Pandora fügte sich der neuen Sachlage; es folgte Napoleons militärischem Grundsatz, im Zweifelsfalle am besten nichts zu unternehmen. So kamen alle weiteren Auswertungen am 12. Januar 1970 im Rahmen einer abschließenden Sitzung im Institut für Verteidigungsanalysen in Washington zu einem abrupten Ende.

Im Schlußprotokoll wurden viele der früher verkündeten Rückschlüsse aus den Tierbeobachtungen als voreilig verworfen. Wörtlich wurde nun festgestellt: „Die Untersuchungen lassen keine definitive Antwort auf die Frage zu, ob das echte Moskauer Signal irgendeine Wirkung auf die Handlungsfähigkeit dressierter Affen ausüben würde; daher ist der Befund insoweit als negativ zu betrachten." Bezeichnend genug, daß dem Komitee auch volle fünf Monate, nachdem ihm die alles entscheidende Analyse des Walter-Reed-Instituts zur Kenntnis gebracht worden war, von dieser Information keine schriftliche Fassung vorlag, weil sie „aus Zeitmangel nicht angefertigt werden konnte".

Nur eingehende Untersuchungen beim Moskauer Botschaftspersonal wurden, als einzige amerikanische Tests an wirklich von Mikrowellenstrahlung betroffenen Menschen, in Aussicht gestellt.

10. Mikrowellenstrahlung und Krebs

Selbst hinsichtlich der vom „Pandora"-Komitee angestrebten ärztlichen Überwachung der Amerikaner in Moskau blieb es damals beim Wunschdenken. Sechs volle Jahre vergingen bis zu dem unterm Zwang neuer Umstände gefaßten Beschluß, umfassende Blutuntersuchungen durchzuführen. Wohl jeder, der inzwischen Einsicht in die vormals geheimen „Pandora"-Akten nahm, muß sich über die offizielle Haltung des Außenministeriums ein sehr skeptisches Urteil bilden. Das betrifft vor allem die Behauptungen, die Intensität der Moskauer Mikrowellenstrahlung sei „zu keiner Zeit stärker als einige Mikrowatt" gewesen, und die militärische Verschleierungstaktik habe niemals eine Rolle gespielt.

Im Winter 1976/77 kam aus vertraulicher Quelle in der Moskauer Botschaft zutage, weshalb in die Telephonhörer einiger leitender Beamter und des ehemaligen Botschafters Stoessel Mikrowellen mit der Leistungsdichte von mehrmals $10\,mW/cm^2$ gelangten: In gerader Linie über dem Zimmer des Botschafters stand auf dem Dach des Gebäudes ein 1 000-Watt-Hochfrequenzsender, dessen Generator beim Sendebetrieb Mikrowellensignale in die dagegen nicht abgeschirmten Schwachstromleitungen induzierte. Beflissen wurde diese Nachricht vom Außenministerium dahingehend abgeschwächt, der Sender sei ja nur einmal im Monat zu einem kurzen Funktionstest in Betrieb. Im übrigen diene dieses Mikrowellenaggregat nur als Vorsorge für den Fall, daß einmal der Botschaft die normalen Post-Telephonleitungen gesperrt würden. Weitere Sendeanlagen gebe es im Haus nicht, dafür allerdings einige passive elektronische Empfangsgeräte, auch auf dem Dach, von denen aber keine Strahlung weitergeleitet werden könnte.

Oberflächlich betrachtet, waren diese Angaben dazu geeignet, weiterhin alle Schuld für die Bestrahlung des Botschaftsgebäudes einseitig den Russen anzulasten. Man muß aber wissen, daß die Empfangs- (oder Horch-)Antennen nicht vom Außenministerium kontrolliert und betrieben wurden. Das war Sache eines der Sicherheitsdienste. Und passive elektronische Anlagen sind relativ leicht durch Gegenmaßnahmen unwirksam zu machen – in unserem Beispiel durch Mikrowellenbestrahlung von der anderen Seite der Straße aus. Unter Berufung auf regierungsnahe Quellen hatte ja bereits am 26. Februar 1976 die *New York Times* über den Sachverhalt berichtet (vgl. Seite 104). Es ist ziemlich unverständlich, wie die amerikanischen Empfangsantennen in derart feindlichem elektronischem Umfeld überhaupt funktionieren sollten, wenn nicht gleichzeitig die russischen Mikrowellen aktiv bekämpft wurden. Es liegt daher der Schluß nahe, daß der Sender auf dem Dach dazu diente, den Mikrowellenantennen in der Botschaft Empfangsmöglichkeit zu verschaffen. Dann mußte er zur Störung der von den Sowjets aufgebauten elektromagnetischen Felder rund um die Uhr in Betrieb sein und sich dementsprechend stark auf die Haustelephone auswirken.

Bleibt also nur zu fragen, warum der CIA von Anfang an Empfangsantennen installiert hatte, nicht anders wie die Russen bei ihren Konsulaten und Botschaften in Amerika. Daß das Außenministerium in der Botschaft nicht sein eigener Herr war, dürfte nicht überraschen. Der offizielle Führungsstab der meisten Botschaften der USA in der Welt umfaßt eine größere Anzahl von Agenten der Sicherheitsdienste. So ist es nur folgerichtig, daß jetzt das Außenministerium in einer Instruktion darauf hinwies, Einzelheiten über die elektronische Ausrüstung der Botschaft unterlägen der Geheimhaltung. Damit wurde zugleich für den Fall biologischer Schäden beim Botschaftspersonal der Schwarze Peter der sowjetischen Mikrowellenstrahlung zugeschoben. Für das Außenministerium war es nämlich auch rechtlich nicht bedeutungslos, ob die eigene elektronische Aktivität so stark ins Gerede kam, daß die russische Strahlung nur als verständliche Gegenmaßnahme erschien. Mehrere frühere Botschaftsangehörige hatten ja für sich und ihre Kinder bereits Schadensersatz für Strahlungsschäden gefordert. Diese und die angedrohten weiteren Rechtsansprüche waren vielleicht ein wichtiger Grund dafür, daß das Außenministerium die nun kaum noch glaubwürdige Fiktion aufrechterhielt, der Strahlungspegel in der Moskauer Botschaft habe nie ein paar Mikrowatt pro Quadratzentimeter überschritten. Die tatsächlichen Meßergebnisse waren anscheinend überhaupt nur technischen Beauftragten des Sicherheitsdienstes und höchsten Regierungsstellen in Washington zugänglich. Doch nun stand das Außenministerium vor einem Dilemma, für das es keine Lösung gab: Wie in aller Welt sollte man die bei jedem dritten Mitarbeiter (oder in der Botschaft wohnenden Familienangehörigen) gefundene Blutabnormität erklären? Die Beteuerung, sie habe mit den Mikrowellenstrahlungen nichts zu tun, war der einzige Ausweg — und eine Fortsetzung der Politik der Ablenkung und Leugnung.

Eine weitere Facette darin war das Katz-und-Maus-Spiel eines amerikanischen Ärzteteams, das am 26. Februar 1977 nach Moskau kam und dem wieder Dr. Pollack angehörte. Es sollte den Ursachen für die Vermehrung weißer Blutkörperchen auf den Grund gehen. Dazu war laut *New York Times* schon im Oktober 1976 bei der sowjetischen Regierung angefragt worden, ob dem zuständigen Gesundheitsamt Vergleichsdaten aus Blutproben Moskauer Einwohner zur Verfügung stünden. Die russischen Fachleute hätten jedoch geantwortet, damit könnten sie nicht dienen, weil ein solches Problem nicht existiert. Analysen wie die jetzt von den Amerikanern praktizierten würden in Moskau nicht durchgeführt. Da in Ostblockstaaten viele Statistiken, die im Westen frei zugänglich sind, geheimgehalten werden, war eine solche Reaktion zu erwarten gewesen. Wie kamen die Russen auch dazu, in einer Angelegenheit Hilfestellung zu leisten, die indirekt mit dem „Mikrowellenkampf" in Verbindung stand. Bei all dem bedachte aber niemand, daß man auch in Washington eine entsprechende Statistik nicht hätte auftreiben können. In keiner Stadt der USA werden nämlich Blutproben in nennenswertem Umfang auf Lymphozyten untersucht und statistisch erfaßt, auch nicht vom Roten Kreuz oder von den Blutbanken.

Natürlich werden die Russen schon deshalb keine große Kooperationsbereitschaft an den Tag gelegt haben, weil zu dieser Zeit Präsident Carter ständig die Nichtachtung der

Menschenrechte in der UdSSR kritisierte, und das Außenministerium behauptete, das Moskauer Trinkwasser hätte gefährliche Mengen von Quecksilber und Blausäure enthalten. Doch als Geste überreichten die sowjetischen Gesundheitsbehörden dem Leiter des amerikanischen Ärzteteams ein grundsätzliches sowjetisches Fachbuch über Hämatologie.

Auch die Ärzte der Untersuchungsgruppe bezeichneten die bei 64 der insgesamt 213 untersuchten Mitarbeiter und Ex-Mitarbeiter der Botschaft festgestellte, 40 %ige Steigerung der Lymphozytenzahl als „leicht". Die Blutunregelmäßigkeiten, die bei den Betroffenen nach endgültigem Verlassen Moskaus zurückblieben, trugen nach ihrer Auskunft keinerlei Merkmale eines Leidens.

Für eine Weile mögen diese mit großer Sicherheit vorgebrachten Äußerungen die in Moskau arbeitenden Amerikaner etwas beschwichtigt haben. Doch dann erschienen in der gesamten amerikanischen Presse Artikel des *Chicago Daily News*-Korrespondenten Keyes Beech, in denen die „Moskauer Mikrowellen" mit dem Krebstod der früheren Botschafter Bohlen und Thompson in Verbindung gebracht wurden. Dazu waren Argumente zusammengetragen, die dafür sprechen, daß auch manche nicht-ionisierenden Strahlungen Krebs erzeugen. Ultraviolettes Licht ist zum Beispiel nicht-ionisierend, nach Angaben des Nationalen Krebsinstituts in Bethesda jedoch für viele Fälle von Hautkrebs die Ursache. Und der aus Polen gebürtige Berater Präsident Carters, Zbigniew Brzezinski, hatte dem Korrespondenten einmal in Tokio erzählt, die Krebsrate unter den Amerikanern in der Moskauer Botschaft wäre prozentual gesehen die höchste in der Welt.

Beim Warschauer Mikrowellen-Symposium 1973 hatte der renommierte polnische Hämatologe und Genetiker Professor Przemyslaw Czerski über „jederzeit demonstrierbare und quantifizierbare Strahlungswirkungen auf die Lymphozytenvermehrung im Blut verschiedener Versuchstiere" gesprochen. Jetzt, drei Jahre darauf, arbeitete Czerski in seiner Eigenschaft als Gast-Beobachter des Warschauer „Forschungsinstitutes für Mutter und Kind" in Amerika an den Experimenten mit, die Dr. William M. Leach für die Abteilung ‚Biologische Effekte' des Büros für Strahlenschutz ausführte. Ähnlich wie Professor Susskind in Berkeley schon im Jahre 1961 bei Testgruppen von Mäusen, stellten Czerski und Leach bei ihren Versuchstieren Blutkrebs nach Mikrowellensbestrahlung fest, außerdem Veränderungen in den Zellen des Knochenmarks. Thermische Effekte waren bei diesen Versuchen von vorneherein dadurch ausgeschlossen worden, daß die Tiere in genau dosierter Weise gekühlt wurden. Eine Temperaturerhöhung konnte daher nirgends auftreten. Zu den mikroskopischen Befunden zählte nun neben vermehrter Zellteilung im Blut auch die Feststellung, daß viele Lymphozyten eine unnatürliche Aufblähung bzw. Vergrößerung zeigten. Dr. Leach fand keinen äußeren Einfluß, auf den dieses Anzeichen einer Immunreaktion hätte zurückgeführt werden können. Also war anzunehmen, daß die Zellen unter Mikrowelleneinwirkung ihre Fähigkeit eingebüßt hatten, ihre eigene Teilung normal zu steuern. „Dafür aber", so erklärte Dr. Leach am 15. Dezember 1976 auf einer vom Präsidialbüro für Funk- und Fernmeldewesen einberufenen Sitzung, „haben wir ein bestimmtes Wort − es lautet K r e b s."

Wenig Rücksicht
auf biologische Strahlungsfolgen

11. Die genetische Zeitbombe

Hinter dem ständigen Abstreiten einer Wirkung von Mikrowellen auf das Wachstum von Blutzellen durch die Behörden steckt wohl auch die Sorge der amerikanischen Regierung, irreparable Störungen der Gesundheit und der Erbmasse vieler Menschen könnten längst eingetreten sein. Zehntausende von Militär- und Zivilpersonen kamen ja tagtäglich mit mehr oder weniger kräftiger Mikrowellenstrahlung in Berührung.

Das im Dezember 1971 aufgestellte „Programm zur Kontrolle der elektromagnetischen Umweltverseuchung" legte den Verantwortlichen diese Befürchtung nahe. Zu den Verfassern des Programms, welches im 1. Kapitel vorgestellt wurde, gehörte neben acht anderen führenden Radiologen auch Dr. Herbert Pollack. Und die darin ausgesprochenen Warnungen basierten teilweise auf zehn Jahre vorher gewonnenen Erkenntnissen. Hierzu zählen die von Dr. Heller erzielten Mutationen der Erbmasse lebender Zellen, von denen bereits im 6. Kapitel die Rede war. Außerdem waren dem Beratungsgremium alle Forschungsergebnisse bekannt, die 1969 auf der Mikrowellen-Fachtagung in Richmond zur Sprache gekommen waren. Dazu gehörte auch eine Versuchsreihe, in deren Verlauf Mikrowellenstrahlung bei Beutelratten-Zellkulturen die gleichen Chromosomenveränderungen verursacht hatte, die bei anderen Organismen und beim Menschen nach Einwirkung „harter" ionisierender Strahlungen zu beobachten ist. Ein Mitglied der Beratergruppe wußte auch von den heimlichen Chromosomen-Untersuchungen, die das Außenministerium in den 60er Jahren bei aus Moskau heimkehrenden Botschaftsangestellten durchführen ließ, sowie von den Beobachtungen, die bei den Tierversuchen des Projekts Pandora wirklich gemacht worden waren. All das war durch Forschungsarbeiten, soweit sie nicht gerade von den Streitkräften in eigener Regie durchgeführt wurden, inzwischen so weit ergänzt worden, daß am Vorhandensein biologischer Mikrowelleneffekte vernünftigerweise nicht mehr gezweifelt werden durfte.

Kein Wunder, daß sich das Außenministerium in den geheimen Dienstanweisungen für die Reihenuntersuchung der Blutproben aller Moskauer Botschaftsangehörigen 1976 recht vorsichtig äußerte: „Schwangere Frauen und ihre ungeborenen Kinder sind eine Gruppe, auf deren Gesundheit von jeher verstärkt Rücksicht genommen werden muß. Die Frauen sollten daher *auch von minimalen Abweichungen in den Umweltbedingungen verschont bleiben.*" Schuldbewußt folgte diesem Passus die Erklärung, aus der gesamten medizinischen und sonstigen wissenschaftlichen Literatur sei kein einziger Fall bekannt, bei dem Mikrowellenstrahlung von der geringen Intensität, die in der Moskauer Botschaft vorausgesetzt wurde, irgendeine Auswirkung auf die Kindesentwicklung gehabt hätte. — Daß dennoch (im Rahmen von Projekt Pandora) von Moskau nach Amerika zurückgekehrte junge Frauen auch gynäkologisch auf genetische Schäden untersucht worden waren, ist eine Tatsache, die bei einigen der Schadensersatzprozesse auch die Gerichte beschäftigte. Im übrigen hatten Regierung und Militär seit dem schlagartigen Abschluß von Projekt Pandora alles getan, um die Diskussion über genetische Effekte durch Mikrowelleneinwirkung zu ersticken. Eine ganze Anzahl möglicherweise sehr unangenehmer Schadensfälle kam dadurch nicht an die Öffentlichkeit.

Als bezeichnendes Beispiel soll hier nur der Fall des zur Zeit des Vietnam-Krieges sehr großen Hubschrauberpiloten-

Ausbildungszentrums der US-Armee in Fort Rucker (Alabama) dargestellt werden. Alle Anzeichen, die darauf hindeuteten, daß hier von Mikrowellenstrahlungen verursachte genetische Schäden auftraten, wurden von der Armeeführung zielstrebig unter den Teppich gekehrt.

Aus den Statistiken, die bei der medizinischen Akademie der Universität von Alabama in Huntsville über angeborene Mißbildungen bei Säuglingen seit vielen Jahren geführt wurden, war nämlich für die Zeit vom Juli 1969 bis zum November 1970 ein unerklärlich hoher Anstieg der Zahl von Neugeborenen mit Klumpfuß und mit Herzfehlern zu erkennen. Die Erscheinung war aber auf sieben der insgesamt 67 Landkreise Alabamas beschränkt. Allein 17 Kinder mit Klumpfuß wurden von Frauen aus den beiden südöstlichsten Landkreisen des Staates im Armee-Hospital von Fort Rucker zur Welt gebracht. (Normale Durchschnittserwartung für den Zeitraum: 4 Fälle.) Außerdem wurde ein Anwachsen von Mißbildungen wie Wolfsrachen und Verwachsungen an den Geschlechtsorganen verzeichnet. Professor Peter B. Peacock vom Gesundheitsressort der Universität von Alabama fand, ein Zusammenhang zwischen den Geburtsanomalien und der Exposition der Kindeseltern gegenüber der X- und S-Band-Radarstrahlung aus den im Umkreis von Fort Rucker betriebenen 46 Radarantennen sei naheliegend. Beim Vergleich mit den Zahlen von 47 Kliniken außerhalb einer 80-km-Zone rund um den Flugstützpunkt zeigte sich, daß die Rate der Geburtsfehler wie auch der Totgeburten im Einzugsgebiet des Hospitals von Fort Rucker die bei weitem höchste im Staat Alabama war.

Zur exakten Erforschung des Sachverhalts beauftragte Dr. Peacock ein gemeinnütziges Forschungsinstitut in Birmingham mit der Auswertung sämtlicher Daten. Von dort erhielt die Umweltschutzbehörde im November 1973 einen Vorbericht und am 28. Januar 1974 Vorschläge für weitere Untersuchungsphasen. Doch da schaltete sich das medizinische Forschungs- und Entwicklungszentrum der Armee ein. Genehmigt wurde nur eine zweijährige, genaue Überprüfung der ersten Ergebnisse, die von der Armee rundweg als Phantasien bezeichnet worden waren. Die Prüfung bestätigte 1975 die schon zuerst getroffenen Feststellungen in vollem Umfang. Doch nun sahen sich die Forscher des Instituts sowie Dr. Peacock mit einer Flut von Gegendarstellungen verschiedener Armee-Dienststellen konfrontiert, die sich als fruchtlos erwiesen. Daraufhin sollte das Institut die Notwendigkeit einer Untersuchung mit weiteren Unterlagen beweisen. Ein Gutachter überprüfte dazu auch alle Daten, die zu Dr. Peacocks erstem Verdacht auf Strahlungseinflüsse geführt hatten. Der neutrale Statistiker schrieb endlich am 31. März 1976 für die Umweltschutzbehörde einen Bericht, mit der die Sachlage etwas verwässernden Überschrift: „Faktoren in Verbindung mit dem Auftreten von Geburtsfehlern — eine lokale Untersuchung". Darin standen zwar noch ein paar neue Einzelheiten, z. B. über geographisch mit der Aufstellung von Radarantennen korrespondierende weitere Gebiete mit erhöhter Anzahl von Geburtsfehlern, doch die in Fort Rucker und einem ähnlichem Flugstützpunkt im benachbarten Florida so ausgeprägt hohe Rate der Mißbildungen und Totgeburten wurde jetzt einem ganz anderen Faktor zugeschrieben: der Übergenauigkeit der Stabsärzte. Angeblich schenkten diese dem Staat verpflichteten Mediziner den Fehlentwicklungen und ihrer statistischen Erfassung viel größeres Augenmerk als ihre überlasteten Kollegen an den städtischen und privaten Kliniken. Dort würde die wahre Anzahl der Mißbildungen nicht vollständig bekannt.

Die Umweltschutzbehörde hielt es nicht für erforderlich, dem Wahrheitsgehalt dieser Vermutung weiter nachzugehen. Für sie war der Bericht des Gutachters Anlaß genug, lapidar zu entscheiden, die Angaben des Instituts seien nicht mehr aufrechtzuerhalten — natürlich vollkommen im Gegensatz zur Meinung der an den jahrelangen Untersuchungen beteiligten Forscher. Allerdings: Auch den Forschern kann man als Außenstehender ein übertriebenes Interesse an staatlich finanzierten statistisch-wissenschaftlichen Untersuchungen nicht absprechen. So betrachtet, gerät leider allzu häufig eine Sachfrage, die objektiv gelöst werden müßte, unter die Räder persönlicher geschäftlicher und politischer Interessen. Der Initiator der Untersuchung zum Beispiel, Dr. Peacock, verließ Ende 1973 die Universität von Alabama und ging nach New York. Dort übernahm er eine Professur an der Cornell-Universität und die medizinische Leitung der privaten Forschungsanstalt „Amerikanische Gesundheitsstiftung". Noch während das Institut in Birmingham mühselig mit der Überprüfung seiner ersten Recherchen beschäftigt war, wollte Dr. Peacock von seinem neuen Standpunkt aus weiter an der Klärung der ihm vertrauten Frage genetischer Folgen von Mikrowellenstrahlungen mitwirken. Das Washingtoner Büro für Strahlenschutz hatte schon die Mittel für die Befragung von Piloten und von deren Angehörigen budgetiert, als auch hier der unnachgiebige Widerstand der Armee plötzlich spürbar wurde. Dr. Peacock mußte erkennen, daß er „ein Minenfeld betreten" hatte, weil für das Militär genetische Mikrowelleneffekte eben keine medizinische, sondern eine politische Angelegenheit waren. Dr. Peacock wandte sich zwar noch im Kongreß an einen Senator. Doch die Generäle bekamen auch davon Wind und griffen an höherer Stelle drastisch ein. Für die geplanten Forschungen benötigte Unterlagen wurden für die „Amerikanische Gesundheitsstiftung" ebenso gesperrt wie die in Aussicht gestellten Finanzierungsbeiträge aus der Regierungskasse.

Nach diesen frustrierenden Erfahrungen wich die Amerikanische Gesundheitsstiftung auf die Gruppenbefragung von Arbeitern und Angestellten aus, die in ihrem Beruf Mikrowellenstrahlungen ausgesetzt sind — sei es in der Industrie oder bei der Bedienung von Diathermiegeräten.

Die Leute vom medizinischen Forschungs- und Entwicklungszentrum der Armee starteten 1975, als in Fort Rucker kaum noch größere Radareinrichtungen bestanden, eine Meßreihe, welche erwartungsgemäß einen ungefährlichen Strahlungspegel ergab. Das war eine reine Farce, vergleichbar mit dem Unterfangen, dem Ergebnis einer Volkszählung auf dem Pazifik-Atoll Eniwetok vor der Evakuierung seiner Einwohner eine weitere Zählung nach Abschluß der großen Nuklearwaffentests gegenüberstellen zu wollen. Wohl mit Recht erhofft man sich, daß die „Affäre um Fort Rucker" nun ein für alle Zeiten geschlossenes Buch bleibt. – Doch bei den Streit-kräften aller großen Staaten hält die Strahlungsexposition zehntausender von Soldaten weiter an. Ob die Sorge um eine Schädigung der Erbmasse berechtigt war, wird sich erst zeigen, wenn es für die Generationen, die vielleicht unter Erbschäden leiden müssen, bereits zu spät ist.

12. Gefährliche „Versuche mit Menschen"

Hinsichtlich der gesundheitsschädlichen Wirkungen von Mikrowellenstrahlungen niedriger Intensität hat sich die re-gierungsamtliche Informationspraxis bis heute kaum ver-bessert. Sie reicht von den Ausweichmanövern gegenüber zi-vilen Forschungsstellen über die Verdunkelung von Fakten bis zum offenen Verbot, einschlägige medizinische Daten be-kanntzumachen. Diese fortgesetzte Verschleierungspolitik ist leicht zu rechtfertigen und aufrechtzuerhalten, weil alles im Namen des großen Tabus „Nationale Sicherheit" geschieht. Und seitdem die Regierung Teile der zivilen Industrie bevoll-mächtigt hat, an die Arbeitssicherheit Maßstäbe anzulegen, die zunächst nur für das Militär Gültigkeit hatten, ist die na-tionale Sicherheit auch zum bequemen Schirm für die Interes-sen der Rüstungs- und Elektronik-Unternehmen geworden.

Das hatte für einige Industriearbeiter fatale Folgen. Erstes Beispiel dafür war eine Gruppe von Männern, die sich mit Ar-beiten an dem „Electromagnetic Pulse Project" der amerika-nischen Luftwaffe befassen mußte. Die viele Millionen Dollar teure Versuchsreihe, kurz als EMP bezeichnet, diente der Schaffung und dem Einsatz von Hochfrequenz-Generatoren, welche durch Aussenden von Funkwellen-Stößen den Strah-lungseffekt einer Atombombenexplosion imitieren. Sie hatte die Nebenaufgabe, zu testen, wie sich der Einschlag von Atomsprengköpfen feindlicher Interkontinentalraketen auf die in unterirdischen Silos stehenden Minuteman-Raketen der USA auswirken würde. Vor allem die Boeing-Flugzeug-werke in Seattle waren in den 60er Jahren mit diesen Untersuchungen beauftragt. Unbeeindruckt von all dem, was über die biologischen Auswirkungen einer stetigen Mikrowellen-Exposition schon bekannt war, ließ man Boeing-Mitarbeiter 4 Jahre lang bei Raketenstationen in Montana Tests mit EMP-Generatoren durchführen. Diese starken Impulssender waren teils am Boden aufgestellt, teils wurden sie von riesigen Armee-Hubschraubern in die Luft geschleppt. Die Besatzungen nannten ihre Last bezeichnenderweise „große Totschläger".*

Anfang des Jahres 1971 wurden in einer Arbeitsgruppe von 17 Boeing-EMP-Technikern drei Mann im Alter zwischen 35 und 45 Jahren von Leukämie bzw. Hautkrebs befallen. Gleichwohl forderte die Firma vom Arbeitsministerium, der Ausschuß für Arbeitssicherheit und Arbeitsmedizin solle für die Industrie einen Standard für die Strahlungsexposition festlegen, der mit dem identisch ist, den einige Monate zuvor die Luftwaffe vorgeschlagen hatte – nämlich 50 bis 100mal höher als die bisher im Betrieb zulässige Sicherheitsgrenze. Die einfache Begründung des Antrags: nur eine solche Erhöhung der Sicherheitsgrenze werde es Boeing und anderen Auftragnehmern des Verteidigungsministeriums erlauben, an dem für die nationale Sicherheit lebenswichtigen Verteidigungsprojekt weiterzuarbeiten. Daher müsse zumindest für

---

*Anmerkung des Übersetzers: Die EMP-Belastungstests für die Silos ergaben etwas Entmutigendes: den Meldungen nach würden die amerikanischen Raketen einen atomaren Überraschungsangriff nicht so unbeschädigt überstehen, daß sie noch zum Gegenschlag gestartet werden könnten. Folge dieser Erkenntnis war die Konzeption für den Einsatz der MX-Rakete. Mitte Juni 1979 gab Präsident Carter grünes Licht für die Entwicklung des neuen, 18 Meter langen und 95 Tonnen schweren Flugkörpers. Im Rahmen des mit der UdSSR geschlossenen Wiener Abkommens zur Begrenzung der strategischen Rüstung (SALT II) könnten 200 Stück gebaut werden – jeder einzelne Träger für zehn atomare Sprengköpfe. Damit die Stellungen nicht, wie die 1054 festen Minuteman-Basen, von elektronischen Zieleinrichtungen geortet werden können, werden die neuen Abschreckungswaffen mobil gelagert. Möglich sind zum Beispiel Stellungen in Form von 30 bis 40 Kilometer langen Fahrtunnels, angelegt unter ebenem Gelände. Darin können die Raketen auf Wagen mit automatischen Abschußrampen pausenlos umhergefahren werden. Beim Aufrichten zum Start durchbrechen die Geschosse mit einem Teil der Rampe wie ein Maulwurf an beliebiger Stelle das sie überdeckende Erdreich.

diesen Spezialfall auch eine Freistellung von dem Passus des 1970 erlassenen Arbeitsschutzgesetzes erfolgen, der die Unternehmer verpflichtet, nur Arbeiten und Arbeitsplätze anzubieten, die „frei sind von bekannten Gefahren für das Leben oder die allgemeine Gesundheit der Beschäftigten". Der Antrag wurde vom Arbeitsministerium zwar abgelehnt, jedoch erst nach einer Beratungszeit von über drei Jahren. Ein besonderer Standard für die Exposition von Menschen gegenüber EMP-Impulsstrahlungen konnte nicht festgelegt werden, weil es dafür an wissenschaftlichen Grundlagen vollkommen fehlte: Nachdem ja nur sehr wenige Personen von der EMP-Arbeit betroffen würden, sei ein neuer Standard auch nicht dringend nötig. Man müßte eben die Strahlungsexposition so weit als irgend möglich mildern — durch ausreichenden Abstand und regelmäßige technische Kontrollen. — Bezeichnend war eine Stellungnahme, die der Marinearzt Kapitän Tyler, Direktor des Büros für Elektromagnetische Strahlungsfragen bei Projekten der Kriegsflotte, zu dem Problem einer Veränderung der Sicherheitsgrenze damals abgab: „Müssen dennoch Standards festgelegt werden, so auf möglichst hohem Niveau. Wenn sich künftig schädliche Wirkungen zeigen, ist es viel einfacher, die Sicherheitsgrenze nach und nach zu senken, als eine Erhöhung durchzusetzen."

Unglaublicherweise zeigte sich von einem Dutzend befragter Wissenschaftler nur ein einziger Fachmann beunruhigt über das Fehlen jedweder medizinischer Vorsorge, wie es aus dem Ratschlag von Kapitän Tyler hervorging. Und das war nicht einmal ein Mediziner, sondern der Sekretär des für die Festlegung von Strahlungsstandards zuständigen Normenausschusses, Leo Birenbaum. Er schrieb am 20. Juli 1972 an den Chef des Standardisierungsbüros der Gesellschaft der Elektro- und Elektronikingenieure: „Man muß sich vor Augen halten, daß alles nur auf geistigen Spekulationen beruht. Aus den biologischen Daten von Tierversuchen kann man keine fundierten Schlüsse ziehen. Umfangreiche weitere Forschungen auf dem Gebiet sind eigentlich nötig. Hoffen wir, daß nicht zur selben Zeit, da wir hier clevere Briefe wechseln, bereits Menschenleben in nicht wiedergutzuma-

chender Weise durch die Ausnutzung einer zu hohen EMP-
Toleranzgrenze gefährdet werden!"

Mittlerweile gab es weitere Krebsfälle unter den auf Raketenstationen unter EMP-Einwirkung stehenden Personen.
Ein Sicherheitsoffizier der Luftwaffe starb an Leukämie, ein
19jähriger Hilfsarbeiter von Boeing erkrankte an Blasenkrebs.
Außerdem wurden von einer vierköpfigen Familie, die in
einem Anwesen nahe einer Raketenbasis wohnte und durch
die dort stattfindenden EMP-Tests Gesundheitsschäden erlitt, an die Luftwaffe Schadensersatzansprüche gestellt. Eine
Untersuchung der Leute zeigte ein Syndrom von Beschwerden, das sich wie ein unheimliches Echo auf die ganz ähnlichen Symptome ausnimmt, die vor Jahrzehnten von russischen Ärzten bei Arbeitern gefunden worden waren, die der
Strahlung von Radar- und anderen Mikrowellenanlagen ausgesetzt gewesen waren. Unter anderem waren folgende Ge-
sundheitsstörungen vertreten: Blutabnormitäten, Appetitlosigkeit und Gewichtsabnahme, Haarausfall, Gehör- und Gedächtnisverlust wie bei vorzeitigem Altern, niedriger Blutdruck,
Schilddrüsen-Fehlfunktion, Müdigkeit, Schwindelgefühl und
Sehschwäche. – Zwei der fünf erwähnten Krebsfälle wurden
übrigens bei Gerichtsberatungen über mögliche Entschädi-
gungsleistungen auf die Tagesordnung gesetzt.

Schon im Jahre 1970 waren auf einer Koordinationskon-
ferenz über biologische Effekte von EMP-Versuchen in Albuquerque alle Bedenken laut geworden, die zwei Jahre
darauf das Arbeitsministerium ins Feld führte. Damals hatte
die Lovelace-Stiftung unter Leitung von Dr. Frederic G.
Hirsch – derselbe, dessen Diagnose eines Grauen Stars bei
einem Mikrowellentechniker der Sandia Corporation in den
frühen 50er Jahren solches Aufsehen erregt hatte – alle wichtigen Persönlichkeiten aus den Industriefirmen und der Luftwaffe versammelt, die an Planung, Ausrüstung und Durchführung der EMP-Testreihe beteiligt waren. Doch seitdem hat
man herzlich wenig dazugelernt. Die wenigen Forschungen,
die überhaupt unternommen wurden, liefen unter Kontrolle
und auf Kosten des Verteidigungsministeriums, das sehr froh
war, wenn die ganze Angelegenheit so lange als möglich unge-

klärt blieb. Denn es wurde ja weiterhin fieberhaft versucht, das EMP-System zur Strahlenwaffe gegen anfliegende ballistische Raketen mit Mehrfachsprengköpfen zu entwickeln. Das dadurch bestehende Klima militärischer Geheimhaltung begünstigte sehr das Bestreben der Regierung, Forschungsvorschläge zur Klärung biologischer Effekte bei der Verwendung elektronischer Waffensysteme nicht zum Zuge kommen zu lassen. Intern bezeichnete man in der Luftwaffe die Wirkung elektromagnetischer Impulse bei den EMP-Versuchen als „erträgliches Vergnügen". Ein Leutnant vom Luftwaffenstützpunkt Kirtland brachte in Albuquerque diese leichtherzige Auffassung über die Effekte von EMP-Strahlung unbewußt zum Ausdruck: „Besuchergruppen spüren bei uns regelmäßig nichts davon, daß der EMP-Generator in Betrieb ist, solange man sie darüber im Unklaren läßt. Doch sobald ihnen erklärt wird, daß die Stärke des sie umgebenden elektrischen Feldes um die tausend Volt/Meter liegt, erschauern sie und drängen plötzlich zum Aufbruch." Damit waren alle gesundheitlichen Beschwerden, die infolge der bei EMP verwendeten Ströme und Wellen auftraten, als subjektiv, wenn nicht sogar als eingebildet abgestempelt. Die ernsthaft besorgten Wissenschaftler wurden als Einzelgänger hingestellt. Wie einst bei der Entwicklung der modernen großen Radareinrichtungen konnte es sich das Pentagon im Falle von EMP einfach nicht leisten, vor dem Abschluß der Tests von der Gefährlichkeit der Strahlung Kenntnis zu nehmen. Und so geschah, was Leo Birenbaum vom Institut für Normung befürchtet hatte: Menschenleben wurden gefährdet. Denn es wurden effektiv Menschen, nicht Ratten oder Affen als Versuchstiere gebraucht — für von ihnen nicht gewollte Experimente mit einer heftigen, langdauernden Bestrahlung durch neuartige Hochfrequenz-Impulse.

Etwas ähnliches ist auch von einem anderen Geheimprojekt anzunehmen, das im Auftrag des Verteidigungsministeriums Ende der 60er Jahre in einem Werk der Philco-Ford Corporation in Philadelphia unter der Bezeichnung „Tempest" bearbeitet wurde. Im Dezember 1970 erfuhr das zuständige Umweltschutzamt durch Zufall, daß dabei unter

23 Technikern, welche Mikrowellengeneratoren erprobten, zwei Fälle von Gehirntumor aufgetreten waren. Bei einem Werksbesuch wurde es den Beauftragten der Behörde unter Hinweis auf eine Informationssperre verwehrt, den Gründen für eine so hohe Erkrankungsrate nachzugehen. In einer Fachzeitschrift wurde bald darauf jeder Zusammenhang zwischen den Strahlungen und den Tumorerkrankungen bestritten.

Die Philco-Ford Corporation war wesentlich an der Montage der riesigen Mikrowellen-Empfangs- und Sendeanlagen beteiligt, die zum Abhören des Funkverkehrs und der Radarsignale aus den kommunistischen Staaten im Nahen Osten und Südostasien errichtet wurden. Schon einmal waren drei Elektronikfachleute der gleichen Firma in den besten Lebensjahren umgekommen. In einem Zeitraum von 11 Monaten starben sie bei ihrer Arbeit im Grenzgebiet von Thailand und Kambodscha an plötzlichen Herzanfällen. Auch hier hatte die ganze Arbeitsgruppe nur aus 20 Leuten bestanden.

13. Theorie und Praxis einer „scharfen Überprüfung"

Ein eklatantes Beispiel dafür, in welcher Weise Militär und Industriekreise gesundheitsschädliche Strahlungsfolgen ignorieren, ist der Fall des Flugstützpunktes Quonset, den die US-Marine bis 1973 auf Rhode Island unterhielt. Drei von acht Technikern, die hier im Auftrag einer Elektronik-Firma einige Jahre eingesetzt waren, wurden von Krebs befallen. Sie waren für Wartung und Reparatur der als 'TACAN' bezeichneten mobilen Einrichtungen für die taktische Luftnavigation zuständig, die mit starken Radarsendern vergleichbar sind. Der erste Mann der Arbeitsgruppe starb 1970 an Lungenkrebs, ein weiterer im Jahre 1973. Bei ihm sowie bei einem dritten, der dann zum Bundesluftfahrtsamt (FAA) versetzt wurde, um dort an der Weiterentwicklung des TACAN-Systems mitzuarbeiten, wurde Krebs der Bauchspeicheldrüse sowie der Leber und der Lungen diagnostiziert.

Daß der verstorbene zweite Krebskranke erst 31 Jahre alt war und der Überlebende, Robert W. Engell aus Ellington (Connecticut), ebenfalls erst Mitte dreißig, ist besonders für Bauchspeicheldrüsen-Krebs völlig uncharakteristisch; das Leiden tritt nämlich bei Männern kaum vor dem 50. Lebensjahr auf. Ins Gewicht fällt dagegen, daß die beiden Techniker langjährig gemeinsam an der gleichen Testapparatur beschäftigt waren. Nie zuvor ist irgendwo bei miteinander arbeitenden Leuten eine statistisch gleichermaßen große Häufigkeit von Bauchspeicheldrüsen-Krebs beobachtet worden.

Ein wirklich beunruhigendes Symptom für die typische Reaktion zuständiger Stellen auf derartige Vorkommnisse ist das Zusammenspiel des Nationalen Instituts für Arbeitssicherheit und Gesundheit (NIOSH) mit dem Auftraggeber der gefährlichen Arbeiten, also der Kriegsmarine. Erst 1975, zwei Jahre nach Schließung des Luftstützpunktes Quonset, untersuchte das Arbeitssicherheitsinstitut weitere Arbeitsplätze, an denen TACAN-Geräte standen — aber nur im engeren Umkreis des NIOSH, also in einigen Neu-England-Staaten. Doch in einem Bericht vom 13. Januar 1976 behauptete das Amt, es habe eine besonders scharfe Überprüfung aller Krankheitsfälle stattgefunden, die nach einer Exposition der Betroffenen gegenüber Mikrowellen vorgekommen seien. In Zukunft würden Arbeiter privater Unternehmen nur in engstem Einvernehmen mit dem Verteidigungsministerium zur Tätigkeit an Mikrowellen-Sendern bei militärischen Einrichtungen abgestellt. Der Direktor des NIOSH lud dazu im Sommer 1976 die für Umwelt- und Arbeitssicherheitsfragen zuständigen Vertreter der Streitkräfte zu einer Koordinationssitzung über das Problem der TACAN-Wartung ein.

Was dabei herauskommt, wenn sich die Kontrahenten aus „übergeordneten Gesichtspunkten heraus" derartig verständigen, geht aus dem Kommunique der zweistündigen Sitzung hervor, die schließlich Mitte August 1976 im Marinebüro für medizinische Fragen in Washington stattfand. Danach hatte die Besprechung den Zweck, die „angeblich krebserregenden Wirkungen" verschiedener Mikrowellenstrahlungen zu dis-

kutieren. Bezeichnenderweise hat an der Sitzung auch Peter
S. Labyak teilgenommen, ein Offizier vom Präsidialbüro für
das Funk- und Fernmeldewesen (OTP); es repräsentierte anscheinend zugleich den Präsidenten und das Marinekommando
für elektronische Einrichtungen. Als Ergebnis wurde wieder
einmal festgestellt, es gebe bislang „überhaupt keinen Grund
dafür, daß zwischen Mikrowelleneinwirkung und der Entwicklung von Krebsgeschwüren ein Zusammenhang angenommen werden müßte". Wörtlich wurde mitgeteilt: „Kern-
stück jedes TACAN-Gerätes ist eine Klystron-Röhre, die
außer Mikrowellenstrahlung auch ionisierende Röntgenstrahlen ausstreut. Die vorhandenen Abschirmungseinrichtungen
und Bedienungsvorschriften halten aber das Risiko von Rönt-
genschäden in engsten Grenzen; die Mikrowellenstrahlung
liegt noch unter dem zulässigen Maximalpegel. Schädliche
Röntgenstrahlen können auf die Techniker nur einwirken,
wenn die Schutzschilder bei eingeschalteter Röhre entfernt
werden." — Das aber habe das Bundesluftfahrtsamt ausdrücklich verboten. Allerdings sei nicht bekannt, wie streng man
sich in Quonset an diese Vorschrift auch gehalten habe.

Die Möglichkeit, daß hier *Röntgen*strahlen Krebs verursacht haben könnten, wirft auf die Sache ein neues ominöses
Licht. Denn es gibt einige Untersuchungen, denen zufolge die
biologischen Schadwirkungen von Mikrowellen oder Röntgenstrahlen verstärkt auftreten sollen, wenn beide Strahlungsarten zusammentreffen. Nichtsdestoweniger war bei der
Konferenz der schon früher erwähnte Kapitän Tyler im
Namen der Marine heftig darum bemüht, ohne Anführung
irgendwelcher wissenschaftlicher Gründe die Gefahr jeglicher
Strahlenexposition zu verharmlosen, damit künftig nicht etwa
Gefahrenzulagen verlangt werden könnten. Beschlossen
wurde eine Zusammenarbeit folgender Art: Das Arbeitssicherheitsinstitut NIOSH wird die Marinebehörden über alle
Entscheidungen des Bundesluftfahrtsamtes in der Sache der
Krebsschäden bei früheren Zivilbeschäftigten auf dem laufenden halten; die Marineführung wird sich bemühen, umgehend die bei ihren Flugstützpunkten mit dem TACAN-Navi-
gationssystem befaßten zivilen Arbeiter zu erfassen, damit

Präzisions-Anflug-Radar, das sich seit fast 15 Jahren auf dem Verkehrsflughafen Frankfurt/Main bewährt. Durch Fernbedienung wird die Anlage von den Fluglotsen auf die Erfassung von verschiedenen Anflugsektoren umgeschaltet.

kein Krankheits- oder Todesfall mehr unbeachtet bleibt; und NIOSH wird von dem krebskranken Techniker Engell eine detaillierte Beschreibung der Arbeiten erhalten, welche dessen ehemalige Arbeitsgruppe in Quonset ausführte, und Erläuterungen darüber, wie seine jetzige Arbeit bei der TACAN-Entwicklung aussieht. Gemeinsam von Marine- und NIOSH-Vertretern sollten künftig die Strahlungsstärken gemessen werden, die bei den TACAN-Geräten auftreten. Dabei sei auch auf die richtige Handhabung der Sicherheitsvorkehrungen zu achten. Beides natürlich „auf eine Weise, daß die TACAN-Techniker nicht unnötig beunruhigt werden".

Daß eine Organisation wie das NIOSH, die vom Kongreß ins Leben gerufen wurde, um die Gesundheit der amerikanischen Arbeitnehmer zu sichern, einer Lösung zustimmte, die vornehmlich Schadensersatzansprüche gegen die Marine ausschließen soll, ist ethisch recht bedenklich. Denn betroffen war letztlich ein kranker Mann mit seiner Familie. Und wieso war eigentlich der Marineleitung nichts über die tatsächliche Handhabung der Sicherheitsvorkehrungen bei den Reparaturen im früheren Flugstützpunkt bekannt? Der leidtragende Techniker lieferte über seine bis 1973 durchgeführten Arbeiten an TACAN-Einrichtungen schon im November 1975 der Arbeitssicherheitsbehörde folgende Darstellung:

Er wie seine Kollegen mußten aus technischen Gründen des öfteren an ungeschützten, aber in Betrieb befindlichen Senderöhren Einstellungen vornehmen. Auf den Kisten, aus denen die Klystronröhren entnommen wurden, war bei der Marine keineswegs die Warnung vor Betriebsgefahren angebracht, die bei den Exemplaren, die das Bundesluftfahrtsamt benutzt, überall deutlich zu finden ist.

Offenbar gilt bei den Streitkräften der Grundsatz, Soldaten hätten ein höheres Risiko zu verkraften; und an zivile Techniker hatte man wohl nicht gedacht. Längst vorhandene Marine-Instruktionen über die sichere Handhabung von Klystronröhren, die Anfang der 60er Jahre aufgrund einiger Unglücksfälle mit Röntgenstrahlung herausgegeben worden waren, waren anscheinend der Vergessenheit anheimgefallen. Dabei erschien noch 1971 eine Drucksache des Marinekommandos für elektronische Einrichtungen, die zu erhöhter Vorsicht aufruft und in der zu lesen steht: „Hochspannungsröhren für die Erzeugung, Verstärkung oder Modulation elektromagnetischer Wellen können beim Einsatz in der Funkmeßtechnik neben Mikrowellen auch unbeabsichtigt Röntgenstrahlungen produzieren" — die, wie erwähnt, im Verein mit hochfrequenten Radiowellen eine extra gefährliche Intensität erreichen können.

Danach hat die Marine also offensichtlich kein Interesse daran, das Personal auf Strahlungsgefahren hinzuweisen. In diese Linie paßt auch, daß das Marinebüro für Medizin schon am 28. März 1974 die Kompetenz zur Beurteilung von Strahlungseffekten an sich zog, weil unterschiedliche Beurteilungen durch die bis dahin verantwortlichen Sanitätsoffiziere „ungerechtfertigte Versuche des Personals provozieren könnten, gegenüber der Regierung Ansprüche geltend zu machen". Seitdem darf eine lokale Stelle keine Einzelheiten über Röntgen-, Radio- oder radioaktive Strahlungen mehr verlauten lassen, die nicht von der zentralen Überwachungsstelle abgesegnet sind. Die Begründung zu dieser Anordnung ist ein klassisches Beispiel für die ganze Denkungsart:

„Die Personen, die bisher in den Sanitätsstellen über Zusammenhänge zwischen einer Strahlungsexposition und körperlichen Schäden urteilen, haben meist keine feststehenden Tatsachen oder Dokumente zugrundegelegt. Das hat unter den Arbeitern zu unerwünschter Publizität geführt* sowie Beunruhigung oder unnütze Befürchtungen hervorgerufen. Eine Information über vorhandene Strahlungen wird von den Betroffenen wie von der Öffentlichkeit oft voreilig mißdeutet, d. h. mit negativen Auswirkungen in Verbindung gebracht. Die daraus resultierende Unsicherheit würde besonders das militärische und zivile Kernkraft-Programm schwer gefährden. Deshalb ist die tatsächliche Bedeutung einer Strahlungsexposition sorgfältig abzuwägen und bedarf eines Beweises.**

---

*Publizität der Strahlengefährdung oder der den Arbeitern zustehenden Rechte auf evtl. Zulage oder Schadensersatz?
**Die Argumente gleichen sich in West und Ost, wenn es darum geht, der Atomtechnik als Arbeitszweig der Großindustrie und Stütze der herkömmlichen, zen-

13. Eine „scharfe Überprüfung"

Die in Washington im August 1976 beschlossene Bestandsaufnahme aller bei der Marine im Umkreis der Strahlung von TACAN-Systemen beschäftigten Techniker fand im Herbst 1976 statt. Sie erstreckte sich auf rund 27 500 Zivilarbeiter, die zwischen 1972 und 1976 auf den in Frage kommenden sieben Reparatur-Stützpunkten der Marine anwesend waren. Todesfälle, Krankheiten und vorzeitiger Weggang von Mitarbeitern wurden dabei besonders beachtet. Aber beim abschließenden Treffen im November 1976 im Washingtoner Marinebüro für Medizin wurde seitens der Marine einfach erklärt, daß man dem NIOSH (Arbeitssicherheitsinstitut) über die Ursachen der Abgänge und Erkrankungen k e i n e Informationen anheimgeben könnte. Die gesammelten Namen, Versicherungsnummern, Berufsangaben usw. unterlägen dem Datenschutz. Die Beamten des NIOSH wiederum, denen erst ein Jahr vorher von Robert Engell genügend über die Zustände bei der Wartung des TACAN-Systems im Stützpunkt Quonset erzählt worden war, versuchten sich mit dem Hinweis herauszureden, drei Jahre nach Schließung des Flugstützpunktes sei über die seinerzeitige Arbeitsweise eben doch nichts genaues mehr zu erfahren gewesen.

Als Vertreter des Bundesluftfahrtsamtes (FAA), des größten Verwenders der TACAN-Navigationssender und jetzigen Arbeitgebers von Robert Engell, nahm an der Sitzung Dr. O. C. Hood teil. Der Leiter der luftfahrtsmedizinischen Abteilung des FAA mußte eigentlich sehr an einer baldigen Klärung der Angelegenheit interessiert sein. Er trug jedoch dazu nichts bei und bezeichnete die Strahlungsemission der TACAN-Geräte als „so weich, daß die Techniker sich direkt gegen die Energiequelle hätten lehnen müssen, um soviel ionisierende Strahlen abzubekommen, daß dadurch Krebs der Bauchspeicheldrüse hervorgerufen werden könnte". – Er kannte wohl ebensowenig wie die übrigen Sitzungsteilnehmer den Artikel über Mikrowellen, den Jonathan Winer Ende

---

tral strukturierten Elektrizitätswirtschaft voranzuhelfen: Damit „irregeleitete Kernkraftgegner" der gewünschten Entwicklung auch dann keine Hindernisse mehr in den Weg legen können, wenn dies sehr berechtigt erscheint, wird notfalls die militärische Schweigepflicht bemüht. (Anmerkungen des Übersetzers)

Juni 1976 im *Boston Globe* veröffentlicht hatte und in dem folgende Aussagen von Robert Engell zitiert sind: „Täglich hatten wir die Strahlungsquelle nur 20 cm vor unserem Bauch" und „Ich habe keine Ahnung, welcher Strahlung ich ausgesetzt war. Auf jeden Fall wurde ich *niemals* vor etwas gewarnt. Als ich einmal deswegen Fragen stellte, versicherten mir die Sanitätsoffiziere, alles sei vollkommen o.k."

Offenbar gehört es zur Mentalität jeder auf Befehlen aufgebauten Hierarchie, also auch der US-Marine, daß nötige Information unterlassen, kleinliche Reglementierung aber gern übertrieben wird. Denn in seinem Bericht an den Kongreß vom August 1976 schrieb der Wehrbeauftragte der USA nicht nur über die erschwerten gesundheitlichen Bedingungen in den amerikanischen Auslandsbotschaften, sondern kritisierte auch was einer Inspektionsgruppe der Bundesverwaltung für Arbeitssicherheit und Gesundheit beim Marine-Luftstützpunkt Alameda aufgefallen war: Dort hingen zahlreiche Vorschriften aus, und zwar 198 betreffend mechanische Störungen im Betriebsablauf, 245 über Feuerschutz und elektrische Einrichtungen, 33 über Verhalten und Sauberkeit im Gelände der Werkstätten, aber nur 12 zum Thema Gesundheitsvorsorge...

Anfang des Jahres 1977 häuften sich dann die Anzeichen, daß über die ganze Frage ebenso der Mantel des Vergessens gebreitet werden sollte wie bei der im 11. Kapitel geschilderten Affäre um den Armee-Flugstützpunkt Fort Rucker. Der Chef des Gesundheits-Forschungszentrums der Marine in Cincinnati erklärte gegenüber der Zeitschrift *Hartford Courant,* über die Krebskrankheit „eines Mannes in Connecticut" wisse man eigentlich nur von Hörensagen. Dabei hatte in Hartford (Connecticut) ein leitender Facharzt des Zentrums für Strahlen- und Geschwulstkrankheiten den Patienten Robert Engell genau untersucht und am 22. September 1976 den Befund – Krebs der Bauchspeicheldrüse mit Metastasen in anderen Organen – an das NIOSH gesandt. Dort gelangte aber der Brief erst Anfang Dezember auf den Tisch des zuständigen Beamten. Immerhin schickte man ihn in Kopie „bereits" am 18. Januar 1977 an eine ärztliche Zentralstelle der Marine. Dort setzte sich in Bezug auf weitere Informationen die bisherige Verzögerungstaktik fort.

Bewegung kam noch einmal in die Sache, als zwei Anwälte vor dem Bezirksgericht in Hartford für Robert Engell einen Musterprozeß gegen sechs Elektronik-Konzerne anstrengten (Streitwert 4,5 Millionen Dollar), weil „beim Kläger Krebs als Folge des Umgangs mit den nicht ausreichend sicheren Erzeugnissen der beklagten Firmen festgestellt wurde". Da dem Pentagon kaum etwas näher am Herzen liegt als die wichtigen Lieferanten militärischer Ausrüstungen, fühlte sich das Verteidigungsministerium zum Eingreifen veranlaßt. Die Marineleitung erhielt ein gepfeffertes Memorandum: man müsse der Frage des offensichtlich steigenden Gesundheitsrisikos für TACAN-Wartungstechniker nochmals nachgehen, weil — wie man sich in vornehmer Untertreibung ausdrückte — „die Ergebnisse der beiden bisherigen Koordinationssitzungen darauf hinweisen, daß eine Notwendigkeit für weitere Nachforschungen bestehen dürfte".

So kam es am 22. März 1977 zu einer dritten Konferenz zwischen Marine- und NIOSH-Abgesandten, wieder im Marinebüro für medizinische Fragen in Washington. Außer den schon früher beteiligten Herren vom FAA (dem Bundesluftfahrtsamt) und vom OTP (Präsidialbüro für Funk- und Fernmeldewesen) waren diesmal auch Repräsentanten von Luftwaffe und Armee anwesend. Als erstes wurde vom NIOSH (Arbeitssicherheitsinstitut) eine „erneute genaue Untersuchung" vorgeschlagen. Das klingt wie eine Pflichtübung, wenn man bedenkt, daß von der angekündigten laufenden Marine/NIOSH-Aktion zur Messung der Strahlungsintensität bei den TACAN-Senderöhren nie etwas bekannt geworden ist, und daß das Institut auch die begrenzte Untersuchung von 1975 schon als „scharfe Überprüfung" herausgestellt hatte. Diesmal sollten zusätzlich einige Pauschalzahlen aus der geheimen Marine-Erhebung über die speziell bei TACAN-Systemen eingesetzten Zivilarbeiter verwertet werden. Letztere Gruppe bestand 1976/77 aus rund 100 Leuten — von insgesamt 6 300 Mann, die bei der Marine an elektronischen Einrichtungen arbeiteten. Die neue Untersuchung galt selbstverständlich nicht für die vielen hundert Militärangehörigen aller drei Waffengattungen, die in rund 600 Trainings- und Einsatzstunden während ihres Dienstes den Strahlungen aus den TACAN-Navigationsapparaturen ausgesetzt waren.

Im übrigen zeigte sich in der Diskussion nur die übliche Mischung aus Eigeninteresse, Unzuständigkeit und erschreckendem Mangel an Sachkenntnis. Das OTP verlangte schließlich, eine positive Lösung der Streitfrage müsse umgehend deshalb gefunden werden, weil die nicht entbehrliche TACAN-Elektronik kein schlechtes Image erhalten dürfte. Und da als Angestellte des Bundesluftfahrtsamtes viele Tausende von Fluglotsen und rund 8 000 Elektronik-Techniker tagtäglich mit Mikrowellen in Berührung kommen, hoffte auch Dr. Hood vom FAA dringend, daß weitere medizinische Untersuchungen den Verdacht auf gesundheitsschädliche Strahlungswirkungen endlich einmal ausräumen könnten. Doch Hoffnung ist eine Sache, und Wissen eine andere! Wie aus den vielen früheren Beispielen hervorgeht, hätte man in diesem Kreis längst wissen müssen, daß Mikrowellengeneratoren allenthalben gefährliche Strahlungen mit sich bringen können. Gerade die hier versammelten Entscheidungsträger können unmöglich so aufsehenerregende Vorgänge wie die Moskauer Mikrowellenaffären, die Forschungsarbeiten am „Projekt Pandora" oder die einschlägigen Tagungsbeiträge führender Ärzte und Biologen nicht gekannt haben. Spätestens im April 1971 erfuhren sie speziell Näheres über das Problem der Entwicklung von Grauem Star bei Verkehrsflugpiloten, über das kein anderer als Dr. Pollack referierte. Und es ist ein Unding, daß alle persönlichen oder schriftlichen Äußerungen des betroffenen Robert Engell ignoriert wurden – auch noch, als er sich brieflich mit Warnungen vor den TACAN-Strahlungen (und vor ähnlichen Mikrowellen bei den hohen, sogenannten RTR-Fernübertragungsantennen des FAA) an Vorgesetzte, Journalisten und die Hartforder Zweigstelle der Berufssicherheits- und Gesundheitsbehörde OSHA gewandt hatte.

Es ist kein Wunder, daß Engell zuletzt resignierend schrieb: „Soviel ich feststellen kann, besteht totales Desinteresse an der persönlichen Arbeitssicherheit von uns Technikern. So wurde mir vom örtlichen Hauptquartier mitgeteilt, laufende medizinische Beobachtungen kämen nur für Bedienungsmannschaften und leitende Offiziere in Betracht, nicht für zivile Arbeiter. Außerdem war bisher keine Rede von Sicherheitsabsperrungen, von allen Arbeitern zugänglichen Strahlenschutzschilden usw., obwohl dies einfache und preiswerte Vorkehrungen sind, die von Anfang an geplant werden müßten (und z. B. in der Sowjetunion weitgehend beachtet werden). Wenn man den Aufwand dafür mit einem Menschenleben vergleicht, dürfen solche Vorsichtsmaßnahmen kalkulatorisch überhaupt nicht ins Gewicht fallen."

Modernen Führungsmethoden sollte solche lässige und zugleich menschenverachtende Ignoranz fremd sein, ganz besonders, wenn die Gesundheit von Mitarbeitern auf dem Spiele steht. Bloße Information fällt oft zu einseitig aus, ja kann bei teilweiser Verschleierung von Tatsachen leicht als Irreführung angesehen werden. Ehrliche Diskussion der bestehenden Probleme durch „mündige Bürger" wird am ehesten Verständnis für die komplexen Fragen wecken sowie Problemlösungen aus einem viel umfangreicheren Kreis als dem der wenigen Fachleute mobilisieren. Vor allem ist Geheimhaltung sicher sehr viel seltener notwendig als sie praktiziert wird. Denn als geheim werden viele Fakten behandelt, die als Ausgangspunkt für Gerüchte mehr Schaden anrichten als bei etwas mehr Vertrauen und Publizität.

14. Im vollen Bewußtsein der Gefahr

Doch das Bundesluftfahrtsamt (FAA) bewegte sich ohne Rücksicht auf Gesichtspunkte wie die zuletzt erwähnten weiter auf der traditionellen Regierungslinie. Alle von Robert Engell gegenüber der Arbeitsschutz- und Gesundheitsbehörde OSHA geäußerten Bedenken wegen mangelnder Sicherheitsvorkehrungen versuchte man in Bausch und Bogen zurückzuweisen, unter anderem mit folgender Argumentation: „Wir haben zwar in Windsor Locks ein militärisches TACAN-System, doch Mister Engell ist dafür keineswegs verantwortlich. Soviel uns bekannt ist, war die Wartung von TACAN-Anlagen dagegen seine Hauptaufgabe beim früheren Marinestützpunkt Quonset." — Damit wird zunächst die Schuld auf die Marine geschoben und anschließend ein scheinbar einleuchtender sprachlicher Winkelzug versucht, der hart an bewußte Lüge grenzt. ,,Verantwortlich" für die TACAN-Geräte auf dem Flughafen Bradley/Windsor Locks war Engell natürlich nicht. Was aber zählt — und worüber das FAA genau Bescheid wußte — ist der Umstand, daß auf den Arbeitszetteln des Flughafens Engells Name ständig unter der Rubrik 'Wartung von TACAN' auftaucht, und zwar für hunderte von Mann-Arbeitsstunden. Ohne jede Erwähnung dieser Tatsache wird nun in der FAA-Stellungnahme behauptet, es könne kein Bediensteter durch die Strahlungsemission der TACAN- und RTR-Navigationssender geschädigt werden, der die bestehenden Vorschriften einhält. Das Bundesluftfahrtsamt sei sich der Gefahr voll bewußt, die sich aus dem Zusammenwirken von Röntgen- und Mikrowellenstrahlen ergibt, daher würden auch wirkungsvolle und strenge Vorkehrungen zum Schutz der Arbeitnehmer getroffen. Gegenteilige Behauptungen hätten keine Berechtigung; also seien auch keine zusätzlichen Sicherheitsmaßnahmen erforderlich.

So unwahrscheinlich das klingen mag, — es deutet alles darauf hin, daß diese Verlautbarung des FAA nicht nur für Außenstehende bestimmt war, sondern daß sich die Verwaltung auch danach richtet: Es geschah seither nichts, um die Strahlungsgefahr weiter zu bekämpfen, wie es Engell vorgeschlagen hatte. Vielleicht befürchtet das Bundesluftfahrtsamt, neue Maßnahmen würden auf Versäumnisse der Vergangenheit aufmerksam machen, was Unsicherheit und Schadensersatzansprüche provozieren könnte.

Wie dem auch sei — viele Arbeitnehmer des FAA teilten die Selbstzufriedenheit der Verwaltung mit der bestehenden Situation offensichtlich nicht. Die Angelegenheit blieb im Gespräch, und im Oktober 1976 wandte sich der Präsident der Wissenschaftlich-technischen Bundesvereinigung für Luftfahrt (FASTA) schriftlich an Verkehrsminister Coleman. Unter Bezugnahme auf den Fall Engell forderte er eine gründliche Erforschung der Gesundheitsschäden, die von Mikrowellengeräten verursacht werden, „selbst wenn sie ergeben sollte, daß man auf ganze elektronische Systeme verzichten muß". Die Antwort des Ministers war, Engells Vorwürfe seien vom FAA wirklich sorgfältig geprüft worden, und auch eine vom Bundesluftfahrtsamt zusammen mit dem Amerikanischen Institut für Normung (ANSI) durchgeführte interne Studie sei zu dem Schluß gekommen, daß ein Bediensteter des FAA nur dann schädlicher Strahlung ausgesetzt sei, wenn er entweder geltende Anweisungen mißachtet oder bestimmte Sicherheitsvorrichtungen umgeht.

Dieser Versuch eines Kabinettsmitglieds, die Arbeitnehmer des FAA für etwaige Strahlungsschädigungen selbst haftbar zu machen, beweist erneut, daß die Verschleierung der Strahlungsgefahren von höchster Stelle auszugehen scheint. Colemans Schreiben wurde im Dezember 1976 im Mitteilungsblatt der FASTA veröffentlicht. Die Betroffenen konnten daraus erkennen, wie wenig das Ministerium von der Praxis zu wissen schien. Ein Kollege von Robert Engell, ebenfalls Techniker auf dem Internationalen Flughafen Bradley, richtete an den FASTA-Präsidenten ein ausführliches Schreiben, in dem unter anderem über die Strahlungs-Exposition bei den Navigationssendern folgendes gesagt wird:

„Für alle hier Beschäftigten ist die Haltung der Regierung nicht gerade beruhigend. Was Ihnen Mr. Coleman mitgeteilt hat, zeugt von Mangel an Sachkenntnis und steht im Widerspruch zu allen im Bereich des FAA üblichen Wartungsmaßnahmen für Radargeräte und Navigationssender.

So gehört es z. B. zu den kategorischen Anweisungen für die Wartung des TACAN-Gerätes RTN 2, daß die Anzeige für Durchschnitts- und Vollastbetrieb zu prüfen ist. Um das so durchführen zu können, wie es die FAA-Vorschriften und die Herstelleranleitung verlangen, muß der Techniker einige „Sicherheitsvorrichtungen umgehen"; denn anders als durch Öffnen der Sicherheitsklappen und Hineingreifen in die

Wellenleiter und den Raum über der Klystronröhre kann er die nötigen Einstellungen nicht durchführen.

Auch beim elektronischen Funkfeuer vom Fabrikat Bendix ASR 3D muß der Techniker beim Justieren einer (radioaktive Strahlung ausstreuenden) Thyatronröhre unter Umgehung eines Schutzschilds in den Stromkreis hineinlangen."

Soviel darüber, was Verkehrsminister Coleman über Strahlengefährdungen bekannt war, denen Tag für Tag Leute ausgesetzt waren, für die er verantwortlich war! Es bleibt zu hoffen, daß sich eine Dienststelle findet, die von den Lieferfirmen eine geeignete Änderung der erwähnten Konstruktionen erzwingt, nachdem sich sich die Benutzer — Militär- und Zivilluftfahrt — dafür zu wenig interessierten.

Weitere Gefahren gehen von verschiedenen anderen Mikrowellen-Sendeeinrichtungen aus, die das FAA zur Luftraumüberwachung und Telekommunikation einsetzt. Sie treffen nicht nur die Wartungstechniker und Bedienungsmannschaften. Eine Bekanntmachung der Luftwaffe vom 7. November 1975 verzeichnete z. B. ein halbes Dutzend von Radarsystemen, denen sich ein Mensch mit Herzschrittmacher nicht zu sehr nähern dürfe, weil die Radarimpulse auf 300 bis 800 m Entfernung die Funktion des Schrittmachers durcheinanderbringen oder stoppen können. Nun, ein überdimensionales Abtastradar dieser Art steht in großer Nähe der Fernstraße 82 bei Brecksville in Ohio. Das FAA gab zu, daß die Senderöhren außer Mikrowellen hier auch eine Röntgen- und Gamma-Streustrahlung produzierten, bestritt aber die Möglichkeit einer Gefährdung von Herzschrittmacher-Patienten, die auf der Fernstraße vorbeikommen.

Eine weitere Gefahr, mit der zu leben sich die Luftfahrtbehörden entschlossen zu haben scheinen, ist die langsame Entwicklung von Grauem Star bei manchen Flugzeugpiloten, die ja beim Anflug auf Flugplätze besonders den Mikrowellenbündeln verschiedener Sendeeinrichtungen ausgesetzt werden. Dr. Zaret, über dessen Forschungen im 5. Kapitel ausführlich berichtet wurde, hat zwischen 1965 und 1977 bei zahlreichen Piloten Veränderungen der Augenlinsen ge-

Bei der Relaisstation des Senders Deutsche Welle bei Marsaxlokk auf Malta wird in fünf Sprachen vor Annäherung gewarnt. Die starken Hochfrequenzfelder gefährden z. B. das Funktionieren moderner Herzschrittmacher.

Drehfunkfeuer für frenquenzmodulierte Signale auf einem 28 m hohen Turm im Waldgebiet östlich den Flughafens Rhein-Main.

funden, verbunden mit der Ansammlung von Kammer-
wasser in der vorderen Augenkapsel und fortschreitender
Sehkraftminderung. Zwar wurden anläßlich der Untersuchungen zu „Projekt Pandora" (9. Kapitel) diese Entwicklungen
ausgiebig erforscht und auch vom FAA ausgewertet; doch
man war nicht bereit, über die Ergebnisse und Schlußfolgerungen etwas bekanntzugeben. Dieses Schweigen könnte
wohl auch damit erklärt werden, daß Piloten mit geschwäch-
ter Sehkraft auf keinen Fall in den Mittelpunkt öffentlicher
Aufmerksamkeit geraten sollen. Denn die Erkrankten können
nicht immer einfach von ihrem Dienst entbunden werden, solange sie selbst noch an ihre Einsatzfähigkeit glauben. Und
das könnte natürlich bei einer breiteren Diskussion zu dem
Schluß führen, die Fluggesellschaften nähmen zu wenig Rücksicht auf das Leben ihrer Passagiere. Ähnliche Augenerkrankungen stellte Dr. Zaret auch bei sechs Fluglotsen fest, die
auf ihrem Sichtschirm manche Maschinen übersahen oder
falsch identifizierten. In einem Fall mußte ein anderer Mitarbeiter des betreffenden Kontrollturms durch sein Eingreifen einen Zusammenstoß verhindern – der zuständige Mann
konnte die Gefahr einfach nicht erkennen und hatte unwissentlich zwei Maschinen auf Kollisionskurs dirigiert.
   Es überrascht nicht, daß auch über einen weiteren Punkt,
von dem schon die Rede war, vom FAA und seinen medizinischen Experten tiefstes Stillschweigen bewahrt wird: die ungewöhnlich hohe Rate erbgeschädigter Kinder auch unter
dem Nachwuchs von Linienflugzeug-Piloten. Fälle von Mongolismus sind hier besonders zahlreich und werden der Mikrowellenexposition der Kindsväter zugeschrieben. Schon im
Jahre 1970 hatte eine von Dr. Irvin Emanuel in Seattle be-
gonnene Untersuchung ergeben, daß in den Familien von
rund 1 500 Piloten, die den Luftverkehrsknotenpunkt Seattle
anfliegen und hier auch meist ansässig sind, Mongolismus der
Kinder etwa doppelt so häufig vorkam wie unter der übrigen
Bevölkerung. Mit Unterstützung der Pilotenvereinigung und
verschiedener Behörden sollte das Ergebnis präzisiert werden:
Geplant war eine Umfrage bei Ehepaaren, die nichts mit der
Luftfahrt zu tun hatten. Wer sich zur Mitwirkung bei der

Fragebogenaktion bereit erklärte, sollte einen Brief mit folgenden einleitenden Sätzen erhalten:

Aufgrund einer begrenzten ärztlichen Statistik wissen wir, daß eine Anzahl der hier wohnenden bzw. häufig anwesenden Linienflug-Piloten mongoloide Kinder hat. Auch einige andere Geburtsfehler zeigen sich auffällig oft beim Nachwuchs von Piloten.
Um herauszufinden, ob unsere Vermutung stimmt, daß Mongolismus in Pilotenfamilien zweimal so häufig ist wie beim Durchschnitt, unternimmt das Institut für Vorsorgemedizin der Universität des Staates Washington mit Unterstützung durch die Pilotenvereinigung und lokale Behörden eine umfassende medizinische Studie.

Aufgrund der schon bekannten Leugnung genetischer Wirkungen von Mikrowellenstrahlen galt die Angelegenheit von vornherein als delikat. Nur Angehörige von Flugzeugbesatzungen sollten Fragebogen und Briefe jeweils an einige wenige Nachbarn verteilen. Über die Aktion selbst wie über den Inhalt der Antworten sollte „strenge Vertraulichkeit entsprechend der ärztlichen Schweigepflicht" gewahrt bleiben. Um ganz sicher zu gehen, daß sie einen rein zufälligen Bevölkerungsquerschnitt repräsentieren, war einzige Teilnahme-Voraussetzung, daß die befragten Ehepaare im gleichen engbegrenzten Gebiet wohnten wie die Piloten.

Doch plötzlich zogen Pilotenvereinigung und alle Behörden ihre Zustimmung zurück, und die Studie war am Ende, bevor sie praktisch begonnen hatte. – Zehn Jahre danach kommentiert Dr. Emanuel, heute Direktor des Zentrums für geistig Behinderte an der Universität des Staates Washington, den Fehlschlag wie folgt: „Was genau passiert ist, konnten wir nie erfahren. Auf keine Rückfrage kam eine befriedigende Antwort. Angeblich war der medizinische Berater der Pilotenvereinigung gegen die Studie und hat den Funktionären der Organisation nahegelegt, sich nicht mehr auf die Sache einzulassen. Nach diesem Entscheid hat die Pilotenvereinigung auch die örtlichen Behörden zu ihrem Rückzieher veranlaßt."

Modernes Groß-Drehfunkfeuer zur Luftstraßensicherung, hier in den Alpen bei St. Pantaleon nahe Salzburg (Österreich). Über 39 im Kreis angeordnete Antennen, die nacheinander elektronisch auf Sendung geschaltet werden, gehen ohne Unterbrechung Funksignale in den Äther, die von Bordgeräten der Flugzeuge, je nach Flughöhe, noch in 180 bis 250 km Entfernung aufgenommen werden.

Eines der tausendfach eingesetzten Instrumenten-Landesysteme. Im Vordergrund auf Säulen Antennen für Rundumstrahlung, dahinter die Antennengitter für die Abstrahlung des scharf gebündelten Landekurssignals.

154

Teil der Standardausrüstung jedes Flughafens: Die Impuls-Radarantenne, hier in München-Riem.

Transportable Radar-Landeanflugantenne und Schutzkuppel für elektronische Ausrüstungen der Bundeswehr-Luftwaffe auf dem Militärflugplatz Erding.

155

15. Die Spitze des Eisbergs

Das Grundmuster der offiziellen Verschleierung der ganzen Mikrowellenproblematik ist unmißverständlich: Regierungsstellen und mächtige Konzerne sowie allerlei wissenschaftliche Institute und Ausbildungsstätten, die finanziell von Regierung, Militär und Elektronik-Industrie abhängig sind, hintertreiben jede vorurteilsfreie epidemiologische Untersuchung — und zwar in zahlreichen Ländern der Welt, die entsprechende elektronische Ausrüstungen verwenden oder herstellen. Die Mitarbeiter der Industriebetriebe, die es besser wissen müßten, verschließen oft die Augen vor der Mikrowellengefahr. Denn, wüßten sie davon, müßten sie bald Zugeständnisse machen, Schutzmaßnahmen ergreifen oder Konstruktionen verbessern.

Hier ist die „Spitze des Eisbergs": Viele bedeutende Tatsachen sind nur einigen Verantwortlichen bekannt, und das seit langem. Dennoch wird jeder neue Beweis bagatellisiert.

Bereits im Jahre 1954 behandelt Dr. John McLaughlin in Glendale (Kalifornien) einen Radartechniker der Hughes Aircraft Company, der sich unwissentlich der Strahlung eines Radar-Transmitters ausgesetzt hatte und damals noch weithin unbekannte Krankheitssymptome aufwies. Nachdem der Patient verstorben war, schrieb Dr. McLaughlin einen Bericht, der in den Kalifornischen Medizinischen Monatsheften erschien: „Gewebeschäden und Tod durch Mikrowellenstrahlung". Bis zuletzt versuchte Howard Hughes, durch gerichtliche Verfügungen die Drucklegung des Artikels zu verhindern. Heute gehört er zu einer der wichtigsten speziellen Literaturquellen für Ärzte und Mikrowellenforscher.

Der Bericht beweist, daß alle in den vorangegangenen Kapiteln dieses Buches erwähnten schädlichen Folgen zumindest der thermischen Wirkungen von Mikrowellen bereits erkannt waren. Treffend heißt es zum Beispiel: „Je höher die Temperatur, desto kürzer die Zeit bis zum Zelltod". Über die Kühlwirkung des Blutes und die besondere Gefährdung weniger durchbluteter Körperteile wurde damals soviel gesagt, daß eigentlich umgehend die Anordnung intensiver Schutzmaßnahmen geboten gewesen wäre, zumal der unglückliche Patient mit 42 Jahren an den schweren Strahlungsschäden, die er vor allem in der Bauchhöhle erlitten hatte, sterben mußte.

Doch nein — es geschah nicht das Geringste! War es mit Totschweigen derartiger Veröffentlichungen nicht getan, opferte man von nun an lieber Geld für die Unterdrückung der weiteren Verbreitung und für das Lancieren von Gegendarstellungen als etwa für sichere Neukonstruktionen. Einige den Betrieben vorgeschriebene Sicherheitsgrundsätze waren nicht viel mehr als Augenwischerei — aufgestellt von Spezialisten, die wegen des Kalten Krieges gleichermaßen kurzsichtig wie verblendet waren.

1962 schrieb Dr. McLaughlin einen weiteren Fachbericht über zahlreiche von ihm inzwischen noch behandelte Fälle von Mikrowellenschäden, einschließlich Blutanomalien; er zog daraus wie folgt Schlußfolgerungen, die dem Leser in den geschilderten Kongreßdiskussionen in abgewandelter Form schon begegnet sind:

Mikrowellen sind eine ständige Gefahr für die Gesundheit, solange es nicht gelingt, genau zu klären, wieviel der menschliche Körper von der energiereichen Strahlung absorbiert. . . Durchdringungsvermögen und Absorption von Mikrowellen sind Funktionen der Wellenfrequenz. Eine Standardgröße, die angibt, wieviel Energie eine Person je Quadratzentimeter Oberfläche vertragen kann, muß unrichtig bleiben, solange wir nicht die Summe der Energien kennen, die der Betreffende maximal aufnehmen kann (und in welcher Zeit).

Heute ist der Durchschnittsmensch einer Vielfalt von Strahlungen verschiedenster Frequenzen des elektromagnetischen Spektrums ausgesetzt — in einem Ausmaß, an das man noch Ende der 40er Jahre weder im Traum noch in utopischen Romanen denken konnte.

Überall in den Haushalten und Schulen stehen Infrarot- und Ultraviolettstrahler, und aus ihren Schutzblenden gehen ionisierende Strahlungen hervor. . . Geigerzähler sind bereits als Kinderspielzeug zu haben. . . Es bestehen auch nachweisbare Wechselwirkungen zwischen den verschiedenen Strah-

lungsarten. Das Mit- und Gegeneinanderwirken der verschiedenen Energiearten muß erforscht und von jedem Sicherheitsprogramm beachtet werden, wenn wir gut auf die Auseinandersetzung mit diesem neuen Umweltfaktor vorbereitet sein wollen. Nach Erkennen der klinisch-pathologischen Auswirkungen der Strahlungsexposition wird es dann auf umfassende Information aller Ärzte ankommen. Gleichzeitig gilt es, bewährte Behandlungsmethoden zu entwickeln und ebenfalls genügend bekannt zu machen. . .

Dr. McLaughlin beschloß seine Ausführungen mit der Warnung: „Experiment und Erfahrung haben die Gefährlichkeit einer Exposition gegenüber Mikrowellenstrahlung mit Radarfrequenz längst bewiesen. Bevor ganz genaue weitere Kenntnisse verfügbar sind, muß gegenüber dieser Form von Strahlungsenergie dieselbe Vorsicht geübt werden, wie sie jetzt bei Röntgen-, Gamma- und Neutronenstrahlungen selbstverständlich ist."

Was fand von diesem Appell und ähnlichen Äußerungen namhafter Wissenschaftler in Gesetzgebung und Technik einen Niederschlag? Einfach nichts! – Warum? – Weil in den 50er Jahren die ganze Ärzteschaft glaubte, die von Dr. McLaughlin beschriebene „Kalifornische Krankheit" sei nichts als ein uncharakteristischer Einzelfall; Professor Schwans Theorie, man könne die Wärmeeinwirkung auf den ganzen Körper in Quadratzentimenteranteile umrechnen, wofür dann die 10-Milliwatt-Grenze zu beachten ist, wiegte sie in trügerischer Sicherheit. Un in dieser Haltung wurden Ärzte und Behörden natürlich von Vertretern des Militärs und der Elektronik-Industrie bestärkt, denen jedes Mittel recht war, sich von den Wirkungen zu befreien, die McLaughlins peinliche Wahrheiten eventuell schon gehabt hatten. Denn die Weiterentwicklung und -verbreitung immer stärkerer Mikrowellensender und -empfänger vertrug ebensowenig einen Aufschub wie ein einmal begonnenes Atomprogramm, wenn man Milliardenverluste vermeiden wollte. So bemühte sich die Lobby nach Kräften, McLaughlins Arbeit zu diskriminieren. Auf jeder neuen Fachkonferenz sprachen einige Vertreter

staatlich-industrieller Forschungsstellen, die es sich angelegen
sein ließen, die unbequemen Erkenntnisse zu verniedlichen
oder auf unseriöse Untersuchungsmethoden zurückzuführen.
Das wurde solange wiederholt, bis um 1966 in Amerika eine
neue Generation von Mikrowellen-Fachleuten, total finanziert
von der elektronischen Industrie, im geistigen Gleichschritt
marschierte. Die jungen Techniker verbreiteten nun gutgläu-
big die These weiter, McLaughlins Arbeiten seien unfundiert
und seine Erkenntnisse ungültig — wie Meßknaben, die automatisch ihre orthodoxe Litanei anstimmen, wenn es verlangt
wird.

Wie Dr. McLaughlin ging es bekanntlich auch Dr. Zaret.
Damit waren zwei wichtige, frühe Propheten der biologischen
Schadwirkung von Mikrowellen vorerst neutralisiert; hatten
sie sich doch erdreistet, der Menschheit eine Sache als Gesund-
heitsgefahr hinzustellen, die den Streitkräften für die nationale Sicherheit unverzichtbar war und andererseits dazu
dienen konnte, die Rüstungskonzerne geradezu mit Lichtgeschwindigkeit in eine Zone ungeheurer Profite zu
katapultieren.

Es scheint wichtig, daß man die weitreichenden Konsequenzen einer solchen Politik der Unterdrückung einmal neu
überdenkt — vor allem in Hinsicht auf das gesundheitliche
Wohlbefinden der Zehntausende von Arbeitern in der Elektronik-Industrie! Eine wirklich aufgeklärte demokratische Gesellschaft würde jeden Krankheitsfall, der auf starke Mikrowelleneinwirkung zurückzuführen ist, als willkommene Warnung auffassen und sich um Schutzmaßnahmen und Herabsetzung der Sicherheitsgrenzen zumindest auf Ostblock-Stan-
dard bemühen. Schließlich sind die Annalen der Medizin voll
von Beispielen solcher Handlungsweise — denken wir nur an
die Beispiele Asbest, Vinylchlorid oder Saccharin, Stoffe, die
erst nach und nach in den Verdacht gerieten, die Krebsbil-
dung zu fördern. Beim Asbest waren bedauerlicherweise
Hunderttausende von Menschen in der ganzen Welt die un-
freiwilligen Versuchstiere. Von den heute lebenden rund
1 Million ehemaligen und noch tätigen Asbestarbeitern
müssen nach Schätzungen des NIOSH (Institut für Arbeits-

medizin) fast 350 000 damit rechnen, an Krebs zu sterben, der vom Asbeststaub verursacht wurde. Beim Vinylchlorid wurden allzulange die Warnungen mißachtet, die schon seit Anfang der großtechnischen Verarbeitung dieses Kunststoffes hier und da im Tierversuch beobachtet worden waren – in Form von schwerstem Leberkrebs bei mit vinylchloridhaltigem Futter ernährten Ratten. Die Schutzmaßnahmen setzten erst ein, als sich die ersten derartigen Krebsbildungen auch bei Arbeitern zeigten, die in der Chemischen Industrie ständig mit Vinylchlorid zu tun hatten. – Beim Saccharin war man dann sogar übervorsichtig: Das amerikanische Verbot wurde von einer älteren kanadischen Studie inspiriert, derzufolge Menschen, die künstliche Süßstoffe auf Saccharinbasis zu sich nahmen, eine um 60 % erhöhte „Chance" besaßen, an Blasenkrebs zu erkranken.

In diesen Beispielen zeigt sich, daß derjenige, der aus der Vergangenheit keine Lehren zieht, dazu verdammt ist, sie mit allen Fehlern zu wiederholen. Das trifft für die Mikrowellenstrahlung in erhöhtem Maße zu. Hätte man hier mit eigentlich selbstverständlichen Sicherheitsmaßnahmen rechtzeitig reagiert, als einschlägige Untersuchungsberichte erschienen waren, könnte ein 40jähriger Mann wie Robert Engell ein viel längeres Leben vor sich haben als jetzt mit Krebs.

16. Ein paar schwere Fälle

Die von Mikrowellen verursachten Krankheiten, die sich zunächst in uncharakteristischen Symptomen äußern, zeigen deutlich, wie wichtig es ist, daß ein Arzt sich genügend mit der Krankengeschichte und der Arbeitsumwelt des Patienten befaßt. Dazu gehört dann auch, daß er die entsprechende Fachliteratur kennt. Doch darin liegt vieles noch im argen. Beispielsweise kommt es gerade bei den Stabsärzten aller Waffengattungen immer wieder zu Fehleinschätzungen, die bei Kenntnis früher schon beschriebener Fälle zu vermeiden wären.

So veröffentlichte Vernon E. Rose von der Arbeitssicherheitsabteilung des Arbeitsministeriums bereits im April 1969, zusammen mit einem Mitarbeiter des Staatsministeriums für Gesundheit von Ohio, einen Bericht darüber, welche Schäden ein 40jähriger Techniker aus einer Mikrowellenofen-Firma innerhalb von 3 Jahren erlitt — zuerst an der Haut und an den Augen, dann an den Geschlechtsorganen, bis hin zu anormaler Zusammensetzung des Spermas und des Blutes. Der Artikel wirft ein bezeichnendes Licht auf die in Amerika geltenden unzureichenden Vorschriften, die auch die Benutzer von Mikrowellenherden usw. vor Strahlengefährdung schützen sollen. Wie die beiden beamteten Autoren zeigen, waren die schweren Schäden im erwähnten Fall unter dem Einfluß einer Mikrowelleneinwirkung entstanden, die in der Menge nur etwa doppelt so hoch lag wie diejenige, welcher der Dauerbenutzer eines Mikrowellenherdes ausgesetzt ist. Die Verfasser bezogen sich übrigens in Details auch auf die Untersuchungen Dr. McLaughlins, Dr. Zarets und russischer Wissenschaftler.

Aber noch 1976 war die Ahnungslosigkeit über die ,,Elektronik-Krankheiten" so verbreitet, daß sich wirklich interessierte Ärzte gegenseitig mit Fotokopien früherer Facharbeiten versorgen mußten, wenn sie darüber etwas erfahren wollten. Medizinische Lexika halten sich ebenso zurück wie die Universitäten, so daß jede Information verstärkte Eigeninitiative voraussetzt. Ohne das ständige Bremsen von oben wäre diese mißliche Sachlage undenkbar.

Ebenso wichtig wie das Wissen um die Quellen, aus denen etwas über biologische Effekte der Mikrowellenstrahlung zu erfahren ist, ist es für den Arzt, daß er beachtet, aus welcher Zeit die früheren Erfahrungen stammen und wie sie zu interpretieren sind. Dazu ein Beispiel. Bis 1977 lief ein Schadensersatzprozeß, den der Radar-Techniker Thomas E. Montgomery (Jahrgang 1921) angestrengt hatte, ein Mann, der durch Mikrowellen zuerst taub und dann blind geworden war, ohne daß man dies als Berufserkrankung anerkennen wollte. Der Gerichtssachverständige Dr. C. E. Horner kam hier zu genau entgegengesetztem Schluß wie der Chef der Rehabilitationsabteilung des NIOSH, Dr. Naomi Gerber, der mit einer genauen Krankengeschichte die Ansprüche des Klägers zu untermauern versuchte. Horners Gutachten vom 25. April 1972 enthielt eine einigermaßen interessante Interpretation des Phänomens der „rein zufälligen Übereinstimmung":

Der rechtsseitige Gehörverlust geht zweifelsfrei auf eine stundenlange, zu intensive Mikrowellenexposition des Kopfes im Jahre 1949 zurück. Der Patient litt damals auch an Schwindelgefühl und Übelkeit. Angaben über Art und Stärke der Radarstrahlung sind nicht mehr zu erhalten. Das ist verständlich, weil man vor 30 Jahren und noch lange danach das Faktum gewisser schädlicher Auswirkungen von Radarstrahlung als unbedeutend ansah.

21 Jahre später, im Jahre 1970, wurde der Kläger auf dem linken Ohr ebenfalls taub. Die Diagnose lautete: Thrombose in den Arterien des Gehörgangs. Die beiden Fälle von plötzlichem Gehörverlust dürften daher zwei völlig verschiedene Ursachen haben. Denn daß die Wärmewirkung der Mikrowellenstrahlung für die Koagulation des Blutes im zweiten Fall verantwortlich zu machen ist, kann man nicht sagen. Der Kläger arbeitete ja immer mit dem Gesicht zur Strahlungsquelle, so daß von einer etwaigen schädlichen Wirkung beide Ohren gleichmäßig betroffen waren. Eine individuelle Disposition für Taubheit ist daher nicht ausschließbar.

Auch der Verlust der Sehkraft wurde mangels der bekannten typischen Starentwicklung auf eine Augenerkrankung zurückgeführt, die nicht als Folge der Strahlenbelastung aufgetreten sein dürfte — und somit die Anerkennung sämtlicher Beschwerden als berufsbedingt abgelehnt. Schließlich nahm sich Dr. Zaret des Falles an. Wie er in einer Fachzeitschrift im Jahre 1975 mitteilte, hatten bis dahin zahlreiche Ärzte den nun so schwer behinderten Thomas Montgomery untersucht und dabei nahezu alle Ursachen diagnostiziert, die man sich für Erblindung und Taubheit überhaupt vorstellen kann. Dr. Zaret betonte, daß er es ja am eigenen Leibe erlebt habe, wie man von einem Großteil der Ärzteschaft, von Industrie und Behörden als Außenseiter verfemt werde, wenn man unbequeme Wahrheiten verbreitet. Dennoch wolle er zugunsten des schwer betroffenen Patienten eingreifen. Man solle sich auf eine menschliche Lösung einigen; der Mann sei kein geeignetes Opfer, auf dessen Rücken der Streit um die extremen Ansichten der Mediziner ausgetragen werden könne. Denn „genauso, wie viele Leute keinen Zusammenhang zwischen den Leiden des Patienten und seiner früheren Mikrowellenexposition akzeptieren, werden andere dieser Vermutung in blindem Eifer zustimmen". Wichtig sei daher nach wie vor, daß unsere Kenntnisse über die biologischen Effekte elektromagnetischer Strahlungen aus dem Frequenzbereich der Radiowellen genauso gründlich erweitert würden wie es auf den meisten anderen Forschungsgebieten in der Medizin die Regel ist.

Montgomery selbst, der aufgrund der Gehörgangsschädigung gleichgewichtsgestört war und nun kaum noch laufen konnte, erweckte wohl aufgrund seiner Gebrechen und ehrlichen Aussagen das Mitgefühl der Gerichte. Er hatte unter anderem berichtet: „Als ich bei den Streitkräften meine Ersatzansprüche als Zivilbediensteter anmeldete, ist das Wort Mikrowellen nie gefallen. Erst die Ärzte kamen nach und nach auf die Ursache. Doch von Anfang an wurde mir gesagt, ich hätte eine Berufskrankheit. Was anders als die Mikrowellen sollte dann aber als Ursache in Frage kommen?" Er schilderte außerdem schriftlich dem Arbeitsministerium, weshalb einige als der Weisheit letzter Schluß betrachtete Sicherheitsvorkehrungen fragwürdig und bei Zusammentreffen bestimmter Umstände unwirksam sind. Er bezog sich dabei auf das Beispiel des Armeedepots Tobyhanna, wo er der sich überschneidenden Strahlung mehrerer bei Flugzeuglandungen dicht über den Boden streichenden Radars ausgesetzt gewesen war. Das Urteil hieß endlich, nach siebenjährigem Kampf: Es handelt sich um eine Berufskrankheit. Doch offiziell blieb man dabei, eigentlich seien die Leiden Thomas Montgomerys der Rubrik „Schicksal" zuzuordnen. Das Urteil wurde von Industrie und Militär geflissentlich vollkommen ignoriert.

Was macht die Lobby, wenn der Nachweis nahezu zweifelsfrei geführt werden kann, daß Mikrowellen ein Leiden verursacht haben? Nun, dann wird eine inzwischen bewährte
andere Taktik eingeschlagen — das Sichverschanzen hinter
angeblich militärischer Geheimhaltungspflicht. Ein typischer
Fall war die Erkrankung des Radar-Arbeiters Ronald P.
Karras aus Skokie (Illinois), der mit 44 Jahren arbeitsunfähig
wurde. Er arbeitete 14 Jahre lang an elektronischen Antennen für die Steuerung von Boden-Luft-Raketen, die unter
Ballonkuppeln (Radomen) als Luftabwehrgeräte um mehrere
Großstädte postiert waren. Des öfteren mußte er mit seinen
Kollegen Reparaturen ausführen, ohne daß deshalb der
Sender ausgeschaltet werden konnte. Daß dies nicht ganz
ungefährlich zu sein schien, schloß Karras erstmals daraus,
daß einige Vögel, die durch die Tür in die Ballonhalle geraten
waren, nach etlichen Rundflügen um das Leitstrahlgerät tot
auf den Boden fielen. Ferner erhitzten sich die Gürtelspangen
der Arbeitskleidung der Radartechniker. Bei einer Arbeit im
Raketenleitstand Homewood (Illinois) begann sogar eine mit
Hydrauliköl befleckte Arbeitsjacke zu schwelen, als der
Leitstrahl sie traf. In den 70er Jahren kamen dann ernste
Körperbeschwerden hinzu, ganz ähnlich wie beim zuvor
geschilderten Fall. Heute ist Ronald Karras taub, seine Augen
schmerzen und die Sehkraft läßt rapide nach. Besonders
schlimm sind aber Blutungen an Augen, Ohren, Zahnfleisch
und Darmausgang, wie sie sonst nur bei den Atombomben-
opfern von Hiroshima und Nagasaki beobachtet worden sind.
Auch der Herzschlag wurde unregelmäßig. Hinzu kamen
noch ein für dieses Lebensalter völlig untypisches Lungen-
leiden und eine unbekannte Art von Polyarthritis — Erscheinungen, die der Kranke jetzt ebenfalls auf seine Ar-
beitsjahre mit Mikrowellenexposition zurückführte. Karras'
Anwälte befragten die Hersteller der Sendeeinrichtungen, die
Konzerne General Electric und Western Electric, und ver-
klagten sie zugleich auf Schadensersatz; denn den Angaben
des Klägers zufolge waren innerhalb von neun Monaten
drei seiner Vorgesetzten unversehens an Herzattacken gestorben.

16. Ein paar schwere Fälle

Doch die Konzerne konterten nun, zu ihrem größten Bedauern dürften sie über technische Dinge keine Auskünfte geben, weil das Raketenkommando in Huntsville über die Objekte, an denen Karras gearbeitet hatte, strikte Geheimhaltung verhängt habe. Am 2. Mai 1977 erklärte hierzu der Armeebeauftragte Arnold M. Kohn, daß „Einzelheiten auf keinen Fall preisgegeben werden können, weil ein Gegner daraus Schlüsse auf Technik, Taktik und Bereitschaft des Nike-Hercules-Raketensystems ziehen würde".

Wenn diese Angabe zuträfe, dann muß man sich wundern, daß das System nicht von Anfang an als top secret behandelt worden ist. Fest steht sogar, daß Restbestände Ende der 60er Jahre auf dem freien Markt verkauft wurden. Deshalb schrieben die Anwälte von Ronald Karras direkt an Arnold Kohn: „Wir haben den Eindruck, daß sich die Verteidigung mit Ihnen ins Benehmen gesetzt hat, um durch eine Informationssperre Schützenhilfe zu erlangen. Dabei handelt es sich um Material, über das sogar schon in Magazinen vieles veröffentlicht worden ist. . ."

Der Anspruch der Armee, aus Geheimhaltungsgründen keine Angaben machen zu wollen, war also offensichtlich ein Vorwand. Denn das Objekt, mit dem man jetzt so geheimnisvoll tat – der Raketenleitstand von Homewood, in dem einmal Karras' Arbeitsjacke beinahe in Brand geriet – stand im Oktober 1969 schon im Mittelpunkt einer Kampagne des Amtes für Hygiene und Umweltschutz, bei der das System in allen Einzelheiten in einer Druckschrift erklärt worden war. Darin hatte man besonders herausgestellt, Mikrowellen könnten die benachbarten dichten Wohnsiedlungen nicht treffen, weil der Sendestrahl stets nach oben gerichtet sei.

Fazit: Das eine tat die Armee, um mit der „Nationale-Sicherheit-Taktik" die Absicht eines geschädigten Arbeitnehmers und Bürgers zu durchkreuzen, seine legitimen Rechte geltend zu machen. Das zweite tat die Armee, um mit einem selbstverfaßten Werbetext die genauso unehrliche Behauptung zu wiederholen, daß die Zivilbevölkerung im Umkreis von Radarsendern keiner Strahlenbelastung ausgesetzt sei.

„Golfball"-Kuppel über der Radaranlage eines Militärflughafens in der Bundesrepublik. Das Radom besteht aus beidseitig mit PVC beschichtetem und dadurch luftdicht gemachten Chemiefasergewebe. Amerikanische Radome sind häufiger aus Stahlrohrwaben und Hartkunststoffabdeckung hergestellt.

Skizze des im April 1980 auf Cape Cod, Massachusetts, in Betrieb genommenen Super-Überwachungsradargerätes vom Typ PAVE PAWS. Die als Hubschrauberlandeplatz nutzbare Dachfläche des Betonbunkers liegt 40 Meter über dem Erdboden.

166

Die elektronische Umweltbelastung breitet sich aus

17. Schlechter Fernsehempfang

Grundsätzlich erklären die Lobbyisten der Elektronik-Industrie, Strahlungsschäden bei Radar- und Mikrowellenherd-Technikern stammten samt und sonders aus einer längst vergangenen Zeit, in der man die Gefährlichkeit mancher Strahlungen noch nicht erkannt hatte. Heute seien aber überall Schutzmaßnahmen eingeführt, die jede Gesundheitsgefährdung ausschließen. Diese Behauptung kann man getrost als wertlos vergessen! In Wahrheit ist nämlich die Ignoranz gegenüber ungenügend geschützten Mikrowellengeräten und durch Strahlungen verursachten Schäden genauso tiefgehend wie eh und je. Zwei Beispiele mögen diesen Zustand illustrieren.

Im September 1976 ereignete sich nahe der Station Oliktok des Radar-Frühwarnungssystems in Alaska, rund 80 km westlich vom Anfang der Alaska-Pipeline in Prudhoe Bay, ein sehr bedauerlicher Unfall. Dort waren drei Leute eines Forschungsteams unterwegs, um mit Betäubungsmunition zeitweise ruhiggestellten Wölfen kleine, in ein Halsband eingebaute Radiosender umzuhängen. Damit kann man die Bewegungen der Rudel und Einzeltiere kennenlernen und ihre Lebensgewohnheiten erforschen. Ein junger Mann und eine junge Frau von der Wildforschungsstelle der Universität von Alaska arbeiteten mit einem 38jährigen Elektronikingenieur zusammen, der meist auf dem Festland blieb, während die beiden Wissenschaftler ihren Standort auf der 10 km vor der Nordküste Alaskas in der Beaufort-See gelegenen Pingok-Insel hatten. Eines Tages blieb das Boot, mit dem die beiden jungen Leute zur Insel gefahren waren, um Material zu holen, bedenklich lange aus. Der an Land wartende Ingenieur konnte mit ihnen auch keine Sprechfunkverbindung herstellen, weil hoher Seegang den Empfang unmöglich machte. Er stieg daher mit Erlaubnis des Verwalters der Radarstation auf den rund 70 m hohen Fernsprech-Sendeturm, um aufs Meer zu schauen und von oben aus erneut den Funkkontakt mit dem Boot zu suchen. Es war aber weder etwas zu sehen, noch gelang es, einen Ruf aufzufangen — weil nämlich zu dieser Zeit die Walkie-Talkie-Geräte im Boot durch Meerwasser unbrauchbar geworden waren. Er begann also, auf der im Innern des Stahlgitterturmes verlaufenden Treppe wieder nach unten zu gehen, nicht ohne auf jedem Treppenabsatz haltzumachen, um wieder Funkrufe hinauszusenden. Einer der Treppenabsätze lag auf gleicher Höhe mit dem Impulsstrahl der riesigen Rundum-Horizont-Radarantenne, die in kaum 100 m Entfernung vom Turm unter einem kugelförmigen Radom* kreist. Hier nun spielte das Sprechfunkgerät beim erneuten Einschalten plötzlich verrückt infolge statischer Aufladung. Als der Ingenieur endlich wieder zu ebener Erde ankam, nahmen ihn seine beiden Freunde schon in Empfang. Sie waren mittlerweile heil aufs Festland gelangt. Und später fuhren alle drei hinaus zur Pingok-Insel. Dort wurde der Ingenieur, rund 12 Stunden nach dem Vorfall auf der Treppe des Turmes, plötzlich blaß und fast ohnmäch-

---

Radom = *Ra*dar *dom*e (Radar-Gehäuse). Eine kuppelförmige Halle aus weißem, wärmereflektierendem Kunststoff, die bis Mitte der 70er Jahre zum Schutz von Personal und Geräten über die meisten Parabolantennen für Radar und Satellitenfunk gespannt wurde, entweder fest auf Stahlrohrkupplungs-Formgerüst oder als Überdruck-Traglufthalle aus Ballongewebe mit beidseitiger PVC-Beschichtung. Vollautomatische, wetterfeste Großantennen neueren Datums kommen aufgrund ihrer geschlossenen Bauweise meist ohne auffälliges Radom aus. Vgl. Bilder S. 21 und 166.

tig. Er mußte sich mit so heftigen Herzbeschwerden niederlegen, daß die anderen um sein Leben zu fürchten begannen. Vorsichtshalber blieb er noch vier Tage im Bett, geplagt von Kopfschmerzen, Schwindelgefühl und qualvollen Schmerzen in der linken Brusthälfte. Dabei hatte er noch nie im Leben irgendwelche Herzbeschwerden gehabt! Als er sich endlich kräftig genug fühlte, zum Festland zurückzufahren, erstattete er den Beamten des Arktischen Forschungslabors in Point Barrow einen genauen Unfallbericht. Seitdem litt er an schweren Herzrhythmusstörungen, und im Frühjahr 1977 mußte er in einem längeren Klinikaufenthalt zahlreiche Spezialtests über sich ergehen lassen. Die Untersuchungen ergaben eine bleibende Funktionsstörung des Nervensystems, das für die Steuerung des Herzmuskels zuständig ist. Die gefährliche Auswirkung eines starken Radarstrahls zumindest auf kurze Entfernung war wieder einmal erwiesen.

Das zweite Beispiel betrifft die Verbreitung ungenügend gesicherter Hochfrequenz-Schweißmaschinen zur Kunststoffverarbeitung in der Industrie und die Unfähigkeit der Arbeitsschutzbehörden, hier ausreichende Sicherheitsstandards durchzusetzen. Ende 1974 wurde in einer Schuhfabrik in Antigo (Wisconsin) eine Schweißmaschine, deren Arbeitskopf Radiowellen mit einer Frequenz von 27 Megahertz ausstrahlt, neu installiert. Sofort beklagten sich die Einwohner der Stadt über schlechten Fernsehempfang. Bald war die Schuhschweißmaschine als Störquelle ausgemacht. Sie wurde mit einem durch Bleiplatten abgedeckten Bretterverschlag umgeben, und die Fernsehstörung hörte auf; die Strahlung drang nicht mehr nach außen. Doch die Frauen, die umschichtig bzw. in den beiden folgenden Jahren in etwa 1 m Entfernung vom Schweißkopf das Material für die zu verarbeitenden Kunststoff-Sportschuhe aufzustellen hatten, erlebten verschiedene Strahlenschäden, vor allem am Arm, der der Maschine stets zugewandt sein mußte: Zittern, brennende Schmerzen, Rötungen, Blauwerden der Fingerspitzen. Auch Haarausfall, Kopfschmerzen, tränende Augen und dunkle Flecken unter der Haut gehörten zu den Begleiterscheinungen dieser Arbeit.

Eine Beschwerde der Gewerkschaft bei der Arbeitssicherheitsbehörde OSHA führte zu nichts, denn der aus Milwaukee anreisende Verwaltungsbeamte hatte keine passenden Meßgeräte zur Verfügung und ließ dann die Sache auf sich beruhen. Man sah aber, daß die Firma nun den Bleiplatten-Verschlag durch eine Ummantelung aus Kupfermaschengeflecht ersetzte. Erst ein Jahr später wurde auch das Institut für Arbeitssicherheit und Gesundheit (NIOSH) aufgefordert, sich um die offenbar nicht ungefährliche Schweißmaschine zu kümmern. Ein Besuch wurde aber zunächst wegen mangelnder Budgetmittel für die Reisekosten abgelehnt (ein Schildbürgerstreich, der einem durchaus auch bei vielen Behörden in Deutschland begegnen kann). Erst auf den bitteren und höhnischen Brief des für die Arbeiterfortbildung verantwortlichen Professors der Universität von Wisconsin hin besann sich der Amtsschimmel nach und nach auf seine Pflicht, war aber zunächst bemüht, sich nicht mit dem Schweißmaschinenhersteller anzulegen. So lautete das erste Schreiben nur: „Die geringen Strahlungswerte zeigen unsere üblichen Meßgeräte nicht an. Wir halten es daher für die Aufgabe des Arbeiters, selbst die Sicherheit im Auge zu behalten und zu starke Belastungen zu vermeiden." Mit diesem „Trick 17" wollte sich die Behörde sichtlich vor einer heiklen Aufgabe drücken. Denn die Höhe des Strahlungspegels war ja höchstens aus den Angaben des Maschinenherstellers bekannt; wenn sie zu hoch war, hätten die Meßgeräte sicherlich angesprochen. Was als „zu starke Belastung" anzusehen war, blieb ohnehin im dunkeln. Und was hatte eigentlich die Arbeiterin mit dem Problem zu tun?

Am 24. Februar 1975 erschien dann Wordie H. Parr vom NIOSH und fand mit Hilfe einfacher Meßgeräte (mit denen z. B. in Osteuropa aufgrund strenger Vorschriften alle Hochfrequenzschweißmaschinen turnusmäßig geeicht werden), daß die Strahlungsintensität mehr als doppelt so hoch lag, als es der ohnehin zu hohe amerikanische Sicherheitsstandard zuläßt. Auch die Stärke des elektromagnetischen Feldes erwies sich als fast zwölfmal so hoch wie es der Norm nach hätte sein dürfen. Mister Parr besichtigte und prüfte anschließend weitere Hochfrequenz- und Mikrowellenanlagen in den Betrieben von Wisconsin und Illinois. Dabei fand er noch 12 Maschinen, welche die vom Normenausschuß festgelegten Werte weit überschritten. In seinem Abschlußbericht bezeichnete Parr die Angelegenheit allerdings milde als „verbesserungsbedürftig, weil anscheinend mit der Bedienung mancher der überprüften Geräte eine gewisse Gefahr durch die emittierte Strahlung verbunden ist". Und während die Vertreter der Behörden über das Thema nur auf Fachtagungen ein paar Reden hielten, nahm der Einsatz von Hochfrequenzschweißmaschinen in der Wirtschaft sprunghaft zu. Da für zahlreiche Details keine Normen und Arbeitsschutzbestimmungen bestanden, ersparten sich sicher viele Maschinenlieferanten allzu aufwendige Strahlenschutzeinrichtungen — falls an solche überhaupt gedacht wurde. Dies zu einer Zeit, da z. B. in Schweden strikte Normen für sichere Maschinen und strenge Vorschriften für beste Information der Arbeiter sorgen.

18. Der Golfball in der Landschaft

Die unengagierte, rein verwaltungsmäßige Haltung der Gesundheits- und Arbeitsschutzbehörden zum Mikrowellenproblem läßt in den USA der Elektronik-Industrie wie den Streitkräften weiterhin freie Hand. Millionen über Millionen von Sendeeinrichtungen aller Art werden geplant, gebaut, verkauft, installiert und in Betrieb gesetzt. Sie zusammen schaffen das Klima der elektromagnetischen Umweltverseuchung, in dem wir nun leben.

Eine Pilotanlage auf dem Weg zu den modernen Super-Radars war die Luftraum- und See-Überwachungsantenne der Luftwaffen-Radarstation in Moorestown, New Jersey. Im Jahre 1959 für 30 Millionen Dollar erbaut, war sie fast 16 Jahre lang ein Wahrzeichen der Küstengegend. Die technischen Anlagen waren zum Schutz vor Wind und salzigem Wasserdampf in einer auffälligen Kuppel von fast 40 m Durchmesser versteckt, einer Stahlrohrkonstruktion mit vielen sechseckigen Flächen, die jeweils mit wabenförmigen Scheiben aus schlohweißem Hartkunststoff ausgefüllt waren. Das aus weiter Entfernung sichtbare Radom wurde alsbald von allen vorbeikommenden Schiffsreisenden als „der Golfball" bezeichnet. Der Golfball diente als Landmarke zur Kennzeichnung der Hafenausfahrt Nummer 4. Technisch handelte es sich um den Prototyp für später gebaute gleichartige Radarstationen des Frühwarnsystems für ballistische Raketen. Sie waren bald auch in Alaska, Grönland und Schottland zu finden. Entsprechend der damaligen Weltlage und Technik bestand ihre Aufgabe darin, aus Richtung Sowjetrußland kommende Angriffsraketen eine Viertelstunde vor dem Einschlagen zu erfassen, so daß Abwehrmaßnahmen bzw. Gegenschläge augenblicklich veranlaßt werden konnten.

Das Innere des Golfballs von New Jersey wurde mehrmals veränderten Einsatzzwecken angepaßt. Das Gerät war auch für alle möglichen Raumfahrtaktivitäten eingesetzt, einschließlich der Funkverbindung mit den sowjetischen Wostok-Satelliten. Im Jahre 1962 verfolgte die Antenne sechs winzige Stahlnadeln, die 3 000 km hoch im Weltraum in der Kreisbahn schwebten, um die Durchführbarkeit der ferngesteuerten Zusammenführung von Satelliten zu erproben. Mit Hilfe eines über die Venus gesendeten Sprungsignals war der Golfball an der geophysikalischen Aufgabe einer Neuvermessung des Sonne-Erde-Abstands beteiligt. Später wieder registrierte und erfaßte das Gerät die hunderte von Trümmern alter Raumfahrzeuge, den Weltraumschrott, der aus Sicherheitsgründen bis zum Absturz beobachtet werden muß. 1970/71 war der Golfball außer Betrieb. Er wurde auf geheimnisvolle Weise von der Luftwaffe umgerüstet — wie man heute annehmen darf: auf die Seeüberwachung zur Erfassung getauchter Raketen-Unterseeboote. Damit war der Golfball Bestandteil des weitausgedehnten amerikanischen Küstenüberwachungssystems — und seitdem störte sein Betrieb durch das Hervorrufen von Interferenzen in der weiteren Umgebung den Rundfunkempfang, beeinträchtigte den Genuß an Stereomusik und war selbst in Kassettenrecordern und Plattenspielern des öfteren mit unerwünschten Tönen zu vernehmen.

Derartige Einflüsse konnten natürlich auch weiter reichen. Viel wurde darüber vor allem in der Lokalpresse und in Einwohnerversammlungen spekuliert und diskutiert. Theoretisch war der starke Impulsstrahl sicher in der Lage, die Funktion von Herzschrittmachern zu stören (wie schon im 14. Kapitel näher ausgeführt wurde), Lötstellen in Bauten und Geräten zu lockern oder gar die Benzintanks von Fahrzeugen zu entzünden. Die Funkstörung aber, von der alle Bewohner arg betroffen waren, war nicht abzustellen, zumindest nicht zentral, sondern nur durch Abschirmung der Geräte in den Haushalten. Einige Hobby-Modellbauer verloren durch die Störsignale aus dem Golfball ihre ferngesteuerten Flugzeuge. Jedenfalls war der Golfball eine gute Ausrede für ungeschickte Steuerung, wenn etwa die kleine Maschine auf Nimmerwiedersehen über dem bzw. im Atlantik verschwand oder plötzlich abstürzte. Letzteres geschah angeblich immer in der Flughöhe zwischen 15 und 25 m, dem Höhengürtel, den der Radarstrahl auf der Landseite alle 35 Sekunden durchkreist haben soll.

Als Ende 1975 bekanntgegeben wurde, daß es dem nun überalterten Golfball an den Kragen gehen sollte, klagte die früher oft so kritische Ortspresse nostalgisch: „Jeder hat ihn gekannt − und nun ist er bald nur noch ein Stück Erinnerung. Die Air Force reißt den Golfball ab. Der 16jährige weiße Globus, den uns die Firma RCA während der Tage des Kalten Krieges hierher gesetzt hat, ist für die sich explosiv entwickelnde Wissenschaft nicht mehr modern genug und militärisch in den Tagen der Entspannungspolitik überflüssig."

Am 7. Mai 1976 meldeten die Zeitungen, daß die wichtigsten Installationen nun ausgebaut seien, nur noch die Kuppel sei da. Und dann verschwand auch die weiß leuchtende Kugel. Danach wurden einige bislang geheimgehaltene Einzelheiten bekannt.

Die Rundfunkstörungen waren offenbar dem verstärkten U-Boot-Suchsender zu verdanken. Dieser war nicht zu ändern, so daß seinerzeit viel diskutierte Zusagen der Luftwaffe, eine Firma mit der Störungssuche zu beauftragen, nun als Finte erkannt werden mußten. Wer zwei und zwei zusammenzählen kann, muß nachträglich auch erkennen, daß der Golfball von 1973 bis 1975 nicht nur für die Radios, sondern auch für die Menschen gefährlicher geworden war. Man hatte wohl den Winkel der Antennen-Neigung so verstellt, daß der Strahl über die See und damit über die weiten, bewohnten Küstengebiete strich, in denen man sich auch am meisten über die Empfangsstörungen beschwert hatte. All die Bewohner der Gegend hatten nun ihre Mikrowellenbestrahlung erhalten.

Die Nachfolgemodelle des Golfballs sind unvergleichbare Monster, die gleichzeitig mehrere hundert Flugzeuge und Raketen im Luftraum und bis zu 200 Weltraumsatelliten verfolgen können. Den Start feindlicher U-Boot-Raketen können sie schon auf 4 500 km Entfernung feststellen. Alles wird von Computern gesteuert. Oft sind riesenhafte Betonbunker an die Stelle der Kuppel getreten, und wie stark die Geräte auf die Umgebung durch Mikrowellenstrahlung einwirken, daran wagt man nicht zu denken. Es kommt aber auch kaum noch darauf an. Es handelt sich nur um einen Beitrag mehr zum gewaltigen elektronischen Smog, der manchen unserer Städte einen Strahlungshintergrund beschert, der ständig aus Myriaden von Quellen elektromagnetischer Wellen gespeist wird. Das Problem betrifft jedermann gleichermaßen, ob Frau, Mann oder Kind. Denn bekanntlich wirkt die Strahlung kumulativ. Und ob die sich addierende Wirkung der langdauernden Strahlenbelastung biologisch-genetische Schäden mit sich bringt, das wird vielleicht schon eine Frage der Anpassung der Lebewesen an eine neue Umwelt sein.

19. Die allzu teure Sicherheit

Das amerikanische Verteidigungsministerium sieht sich offenbar gezwungen, das Mikrowellenproblem auch über die 80er Jahre hinweg herunterzuspielen. Die Gründe hierfür sind unter anderem einer „Aufgabensammlung" und dem Durchführungsvorschlag zu einem Forschungsplan zu entnehmen, die im Frühjahr 1975 zusammengestellt worden waren — als

Auftakt zu einem neuen militärischen „Programm für die Erforschung biologischer Strahlungsfolgen". Beide Dokumente sind allgemein zugänglich und für jeden interessant, der ein wenig zwischen den Zeilen zu lesen versteht.

Die Aufgabensammlung hebt zwar mit einigen Gemeinplätzen an (z. B.: „Die Streitkräfte sind in unserem Land bei weitem der größte Nutzer von technischen Einrichtungen, bei deren Betrieb nichtionisierende elektromagnetische Strahlungen entstehen"); doch dann heißt es unter anderem:

Erklärtes Ziel des Forschungsprogramms ist die Maximierung der Arbeitssicherheit möglichst ohne Einschränkungen des praktischen Einsatzes der betreffenden Anlagen. Denn in einer Zeit finanzieller Engpässe gilt für alle militärischen Organisationen der Grundsatz: Mehr Wirkung durch weniger Aufwand.

Das Verteidigungsministerium kann sich daher kein Forschungsprogramm leisten, das in kurzer Zeit zur Abwendung aller Sicherheitsrisiken führen könnte. Es gilt, sichere, aber praktisch zu verwirklichende Standards zu finden, die die Funktion von elektronischen Waffensystemen nicht behindern. Das heißt, daß auf wirklich unbedeutende biologische Effekte der Strahlungen noch nicht eingegangen werden kann. Sie sind auch in den künftigen Jahren noch nicht ganz zu vermeiden.

Eine Datensammlung wird dabei helfen, die zeitliche Begrenzung der Tätigkeit und die Festlegung der Sicherheitsabstände für das Arbeiten an Mikrowellenanlagen so zu optimieren, daß dadurch alle Anforderungen der Arbeitsschutzbehörden erfüllt werden.

Das heißt: Bisher mußten zu hohe Belastungen bzw. mitunter Schäden in Kauf genommen werden. Und nun ruft das Ministerium die Forscher nicht dazu auf, um jeden Preis „die Wahrheit" zu suchen, sondern es wünscht neue Argumente, mit denen es sich gegen mögliche Vorwürfe anderer Forschungsstellen und Behörden zur Wehr setzen kann. Vorwürfe wurden vor allem in Bezug auf die neuen Super-Radar-

175

stationen des Typs PAVE PAWS* befürchtet. Die Großanlagen zur Früherkennung des Starts weitreichender U-Boot-Atomraketen waren schon geraume Zeit vor dem auf Frühjahr 1976 festgesetzten Baubeginn ins Gerede gekommen, und zwar als kaum kontrollierbare Quellen überstarker Mikrowellenstrahlungen. – Mittlerweile steht trotz der zahlreichen Proteste je einer dieser gigantischen Ozeanwächter am Atlantik und am Pazifik: auf Cape Cod im Nordosten sowie an der kalifornischen Küste im Südwesten der USA**. Wie die Zeichnung auf Seite 166 zeigt, sind die riesenhaften Antennen in fast 40 Meter hoher Gußbetonklötze integriert, auf deren Oberfläche auch Hubschrauber landen können.

Überhaupt war das 1975 vorgeschlagene Forschungsprogramm, das angeblich der Beobachtung biologischer Strahlungseffekte gewidmet sein sollte, vor allem auf Rationalisierung und Koordination abgestellt. Die Rede war von Konzentration der Kompetenzen bei für alle Waffengattungen zuständigen Zentralstellen, Erzielung eines einheitlichen Standpunkts hinsichtlich der zulässigen Strahlungsintensität, Vermeidung von Doppelarbeit usw. Was hinter dem ganzen steckte, wird bei der Durchsicht weiterer Abschnitte der Aufgabensammlung und der Schlußbemerkung zum Programmvorschlag deutlich. In der zuletzt genannten Textquelle steht nämlich unter anderem:

Unbeschadet der Tatsache, daß alle Waffengattungen der US-Streitkräfte jetzt gemeinsam Forschungen über die biologischen Wirkungen elektromagnetischer Strahlen fördern und entwickeln, sieht sich das Verteidigungsministerium

---

*PAVE PAWS = Precision Acquisition of Vehicle Entry Phases Array Warning System, also: „Phasengesteuerte Antennenanordnung als Warnsystem zur genauesten Ortung sich nähernder (Flug-)Körper". – In jedem der einige hundert Millionen Dollar teuren Objekte sind Betrieb und Meßdatenauswertung weitgehend computergesteuert.
**Es handelt sich um die Anlagen auf den beiden Luftwaffen-Stützpunkten Otis auf Cape Cod (bei Falmouth, Massachusetts), wo der reguläre Betrieb offiziell am 4. April 1980 aufgenommen wurde, und Beale Air Force Base in Kalifornien.

immer stärker mit Forderungen konfrontiert, die von ande-
ren Ministerien und Behörden erhoben werden. Sie verlangen
die Einführung schärferer Arbeits- und Umweltschutzbe-
stimmungen.

Das gemeinsame Forschungsprogramm soll gesicherte bio-
physikalische Daten liefern, welche über die Grenzen der
Schadwirkung von hochfrequenten Funkwellen Auskunft
geben. Bestehende Standards sind danach zu überprüfen und
gegebenenfalls geeignetere festzulegen. Das Verteidigungs-
ministerium erwartet die Schaffung eines Umweltschutzstan-
dards von 1 mW/cm² mittlerer Leistungsdichte und die Fest-
legung von ebenfalls 1 mW/cm² maximaler mittlerer Lei-
stungsdichte für den Arbeitsschutz, außerdem noch die Ein-
führung einer zusätzlichen, um den Faktor 10 geringeren Si-
cherheitsgrenze innerhalb von vielleicht 5 Jahren. Derart
strenge Vorschriften würden den militärischen Einsatz elektro-
magnetischer Strahlen in bewohnten Gegenden erheblich ein-
schränken, wenn nicht rund um die Sendeantennen eine
unbewohnte Pufferzone zur Regel erhoben wird. Solche
Zonen verlangen aber erhebliche Mittel für den Ankauf des
nötigen Areals.

Erst ein weiterer Blick in die Aufgabensammlung zum Forschungsprogramm gibt eine Vorstellung davon, welch riesige
Landflächen das Militär für die nötigen Grundstücks-Arrondie-
rungen veranschlagte. (Der im ersten Satz des folgenden Text-
auszugs erwähnte geheime ECAC-Report ist eine Untersuchung, die 1974/75 vom Electromagnetic Compatibility
Analysis Center des Pentagon an Sendeeinrichtungen durchgeführt wurde, die eine Mikrowellenstrahlungsintensität aufweisen, die noch in 100 Metern Entfernung zu einer Leistungsdichte von 10 mW/cm² oder mehr führt.)

Der ECAC-Report (geheim) ist fertiggestellt und unter-
streicht die Bedeutung einer Studie, derzufolge bei vielen
Anlagen mit einer sehr breiten Skala von Radiowellen-Strah-
lungen hoher Frequenz gerechnet werden muß. Er bestätigt
auch, welch gewaltigen Einfluß eine Herabsetzung des be-

stehenden Standards (Sicherheitsgrenze 10 mW/cm²) auf alle Verteidigungskonzepte haben würde. Sollte man sich z. B. auf 1 mW/cm² maximale Belastung in 100 Meter Entfernung von der Strahlenquelle einigen, dann müßten, zwecks Schaffung der nötigen Abstände zu den bewohnten Gebieten, den drei Waffengattungen rund um die Flugbasen und Radarstationen folgende zusätzliche Flächen übereignet werden: der Luftwaffe rund 1 300 km², der Armee 50 km² und der Marine 680 km².

Es ist eine Binsenwahrheit, daß jemand, der einem Geheimnis auf die Spur kommen will, zuerst einmal untersuchen sollte, wieviel und wo Geld ausgegeben wird. Diese „Geldspur" liegt in unserem Fall buchstäblich und sichtbar auf dem Boden. Sie besteht genau gesagt aus rund 2 030 km² Land. Das entspricht der zweieinhalbfachen Fläche von Groß-Berlin. Welchen Betrag die Entschädigungssummen für die jetzigen Grundbesitzer im Verteidigungsetat auch ausmachen müßten – eines ist sicher: Die Einsparung von 30, 60 oder mehr Milliarden Dollar ist ein echtes Motiv für das Bestreben, wider besseres Wissen die hohen bisherigen Sicherheitsgrenzen bestehen zu lassen, alle auftretenden Schäden aber streng zu verschweigen.

Unnötig zu sagen, daß auf weiten Teilen der 2 030 km² heute viele Menschen wohnen. Auch Häuser von Kongreßabgeordneten, welche die unglaubliche Situation völlig zu ignorieren scheinen, befinden sich sicherlich auf Gelände, das als Sicherheits-Puffer ins Auge gefaßt wurde.

Die geschilderte Sachlage ist aber harmlos gegenüber der einschneidenden Bedeutung, die eine Reduzierung der 10-mW-Sicherheitsgrenze für die von oben bis unten mit Elektronik vollgestopften schwimmenden Einheiten der Marine mit sich brächte. Die Maßnahme würde alle üblichen und notwendigen Operationen der Kriegsschiffe mit einem Schlag unmöglich machen. All die Navigations-, Funk- und Radareinrichtungen, Torpedo- und Raketenleitstände heutiger Bauart müßten für strahlenunsicher erklärt werden. Es sind ja schon die überall verwendeten Impulsradars zur Geschützfeuerkontrolle dafür

19. Die allzu teure Sicherheit

Selbst kleinere Einheiten der modernen Kriegsflotten kommen nicht ohne voll-elektronische Steuerungseinrichtungen für Geschosse, Raketen und Torpedos aus. Die Erkennung von Zielen und Angreifern — vom U-Boot bis zum Jagdbomber — und selbstverständlich die gesamte Nachrichtenübermittlung und Navigation hängen von spezialisierten Mikrowellengeräten ab. Die geplante Einführung von Hochfrequenz-Strahlungswaffen bedeutet eine noch höhere Konzentration von Sendeanlagen. Größere Kampfschiffe wirken wie vollgestopft mit elektronischen Einrichtungen, während die früher für eine Schiffssilhouette charakteristischen Masten und Geschütztürme weitgehend weggefallen sind.
Der Sinn so hochwertig ausgestatteter Kriegsschiffe wird durch neue, kleine und preiswerte Vernichtungswaffen immer mehr in Frage gestellt. Diese Entwicklung dürfte noch in unserem Jahrhundert auch den Bau der empfindlichen, mit Kern-kraft angetriebenen Flugzeugträger ad absurdum führen.

bekannt, daß sie mit ihrer Strahlungsemission weit über den noch gültigen Standards liegen. Würde also als neue Grenze die maximale Leistungsdichte von 1 mW/cm² vorgeschrieben, dann müßten die gelben Warnlinien, die auf den Schiffdecks die Zonen kennzeichnen, in denen besonders gefährliche Strahlung herrscht, in vielen Fällen einige hundert Meter weit außerhalb der Schiffe, also auf dem Wasser angebracht werden. Es steht daher außer Zweifel, daß die US-Marineleitung liebend gern die Seite 18 des Militärischen Handbuchs 238 vom Jahre 1973 vergessen würde; dort sind nämlich ausdrücklich viele schädliche, nichtthermische Wirkungen beschrieben, welche die Strahlungsquellen auf die Menschen an Bord ausüben können — von Veränderungen im Blut bis zur Schädigung der Chromosomenstruktur.

Niemand glaubt daran, daß die Flugzeugträger, Kreuzer und Zerstörer „nur der Sicherheit der Besatzungen wegen" kostspieligen Umrüstungen unterworfen würden, die zudem zulasten von Fahrtgeschwindigkeit und Gefechtsbereitschaft gehen könnten. Völlig unübersehbar werden die Kosten derartiger Sicherheitsmaßnahmen, wenn man in Betracht zieht, daß sie auch Auswirkungen auf die ähnlich ausgerüsteten Flotteneinheiten von NATO-Staaten und anderen Ländern haben würden, bei denen oftmals von amerikanischen Werften gelieferte Kriegsschiffe im Einsatz stehen.

Zwangsläufig führt daher die immer wieder einmal aufflammende Diskussion um die Mikrowellenbelastung von Marineangehörigen in eine Sackgasse. Von den Streitkräften der Staaten des Warschauer Pakts muß man ohnehin annehmen, daß sie die für die Zivilwirtschaft geltenden strengen Sicherheitsvorschriften nicht oder nur zu einem kleinen Teil anwenden. Auch dort stehen keine technisch völlig anderen elektronischen Waffensysteme zur Verfügung.

Auf beiden Seiten sind also die Investitionen in die militärischen Einrichtungen schon zu groß, als daß eine rasche Veränderung machbar wäre. In der Marktwirtschaft kommt noch der Druck hinzu, den das Geschäftsinteresse der Unternehmen mit sich bringt, die ihre Ersatzteilproduktion auslasten müssen. Die amerikanischen Navigations- und Waffensysteme sind so zahlreich, daß sie zur Unterscheidung genau wie Raketen und Satelliten durch künstliche Namen gekennzeichnet werden, die sich meist aus den Anfangsbuchstaben der genauen Systembeschreibung zusammensetzen. Sie reichen von ABRES (*A*dvanced *B*allistic *R*e-*e*ntry *S*ystem) bis SADRAM (*S*eek *a*nd *D*estroy *R*adar *A*ssisted *M*ission) und TACAN (*Ta*ctical *A*irborne *N*avigation) und füllen beinahe ein spezielles Lexikon — vgl. auch Fußnote auf Seite 176 (PAVE PAWS).

Es fällt auf, wie die Gefahren der Mikrowellenanlagen als bedeutungslos im Vergleich mit dem großen Nutzen dargestellt werden; und wo irgend sinnvoll, wird der Hinweis auf die Schaffung oder Erhaltung von Arbeitsplätzen durch die neue Großtechnik nicht vergessen.

20. Eines Rätsels Lösung

Wie man es häufig bei solchen Dokumenten findet, war die im vorangegangenen Kapitel mehrfach zitierte „Aufgabensammlung" zum 1975er Strahlungsforschungsvorhaben der US-Streitkräfte mindestens genauso interessant wegen der Dinge, die sie ausließ, wie wegen ihres eigentlichen Inhalts. Beispielsweise enthielt sie kein einziges Wort über die biologischen Wirkungen der starken Funkstrahlstöße des EMP-Verfahrens, das unter strengster Geheimhaltung seit Anfang der 70er Jahre entwickelt wurde und von dem ausführlich im 12. Kapitel die Rede gewesen ist. Lediglich im Durchführungsplan für die Forschungsvorhaben wird einmal zu EMP gesagt, die Versuche der Luftwaffe und des Radiobiologischen Instituts für die Streitkräfte hätten keine Anhaltspunkte für schädliche Effekte ergeben. Ein Antrag der Firma Boeing, für EMP einige Sicherheitsstandards zu schaffen, sei daher bereits vom Verteidigungsministerium zurückgewiesen worden. Allerdings werde das Pentagon schließlich doch gezwungen sein, einige Richtlinien zu geben; denn die Privatklage eines Boeing-Arbeiters, der wegen EMP- und Laser-

Schädigungen von der Luftwaffe 890 000 Dollar Schadensersatz verlangte, habe die Frage wieder ins Gespräch gebracht. Und so kamen im Jahre 1976 verschiedene Einzelheiten sowohl über EMP (*Electromagnetic Pulse*) wie über die noch geheimere Strahlenwaffe HEP (*High Energy Pulse*) ans Tageslicht. Sie waren nicht gerade beruhigend; da man EMP unter anderem für den Versuch benutzte, die schädlichen Auswirkungen radioaktiver Verseuchung nach Atombombenabwürfen zu simulieren, mußten diese Strahlungsimpulse ja irgend eine deutliche Wirkung bei Lebewesen hinterlassen – und zwar unterschiedlich je nach der Höhe des Strahlungszentrums über dem Erdboden. Bekanntlich fanden Versuche mit entsprechenden Hochfrequenzstromquellen sowohl unterirdisch wie auch zu ebener Erde und aus mehr als 50 km Höhe statt, wobei elektromagnetische Felder die Wechselwirkung echter Gammastrahlen mit der Atmosphäre täuschend „natürlich" erreichten – einschließlich der von diesem Zentrum ausgehenden Erzeugung von Elektronen und positiv ionisierten Teilchen.

Entsprechend mußten im Versuchsbereich empfindliche elektronische Einrichtungen durch wirkungsvolle Gegenmaßnahmen geschützt werden. Dasselbe galt sogar für Elektrizitäts-Fernleitungen. Schon am Anfang, im Jahre 1968, wurde die Erprobung von EMP dort unterbrochen, wo das Verteidigungsministerium fürchten mußte, daß Waffensysteme im Wert von mehreren Milliarden Dollar Schaden davon tragen könnten. Diese Befürchtung wurde in gewissem Sinne noch verstärkt, als das Raumfahrzeug Apollo 12 am 14. November 1969 kurz nach dem Abheben von einem Blitz getroffen wurde, der genügte, zahlreiche wichtige elektronische Steuereinrichtungen außer Kontrolle zu bringen.

Starke Funkstoß-Sender gab es seit dem Jahre 1972 auch für Schiffe; sie waren fähig, Stromstöße mit 2,5 Millionen Volt pro Meter auszusenden, und zwar zur Bekämpfung von Schiffen, Flugzeugen und Raketen. Unvorstellbar erscheint es, daß Strahlungen, die so massiv auf elektronische Systeme wirkten, Menschen völlig ungeschoren lassen sollen! Bei wissenschaftlichen Tagungen versicherten denn auch die Verantwortlichen Militärs, man werde parallel zur Entwicklung der Strahlenwaffen genügend Basisforschung betreiben, um bei Einführung der Geräte auch angemessenen Schutz für die Bedienungsmannschaften bieten zu können, unter anderem gegenüber reinen Elektroschocks. Doch wenn man erfährt, daß zu einer Zeit, da man bei EMP mit 3 Millionen V/m arbeitete, die Firma Boeing der Luftwaffe eine Höchstgrenze der Durchschlagfeldstärke von nur 50 000 V/m vorschlug, dann kann man sich ungefähr vorstellen, wie fortgeschritten die Verschleierung von Tatsachen über das Ausmaß elektromagnetischer Strahlungen bei den neuen Entwicklungen Anfang der 70er Jahre war.

Nach bestem Wissen in Studien der Lovelace-Stiftung sowie der Boeing-Company selbst ausgesprochene Warnungen wurden überhaupt nicht beachtet. Zunächst erscheint eine solche Haltung unverständlich. Doch die Liste der Namen all der Leute, die über den Fragenkomplex Entscheidungen zu treffen hatten, birgt zugleich des Rätsels Lösung: In den zuständigen Kommissionen saßen ausnahmslos Vertreter verschiedener Regierungsbehörden — sämtlich „alte Bekannte", von denen in diesem Buch schon die Rede war. Personen also, die es sich überhaupt nicht erlauben konnten, eine widersprüchliche Haltung gegenüber der Maxime des Verteidigungsministeriums einzunehmen, die besagte, daß „für die Festlegung von Belastungshöchstgrenzen beim EMP-System keine Notwendigkeit zu erkennen" war.

Von Waffenarsenalen und
Geheimdiensten

21. Eine neue Runde im Rüstungswettlauf

Die Militärdienststellen, die für die EMP-Technik zuständig
sind, werden sehr rasch aktiv, wenn irgendwo Forschungsergebnisse zutage kommen, die sich nicht mit den Vorstellun-
gen des Verteidigungsministeriums decken. Zum Beispiel begann im Jahre 1970 am Luft- und Raumfahrt-Laboratorium
der US-Marine in Pensacola eine Untersuchung über die Wirkung elektromagnetischer Impulsstrahlungen auf den Menschen. Zahlreiche Marineangehörige hatten sich für das Unternehmen zur Verfügung gestellt, das planmäßig im Sommer
1978 abgeschlossen werden sollte. Doch 1974/75 wurden
viele ungünstige biologische Strahlungseffekte beobachtet,
durch die ähnliche Ergebnisse früherer Tierversuche eine Bestätigung fanden. Das bedeutete für die Versuchsreihe binnen
kurzem das „Aus". Und der höhere Befehl dazu war gewiß
nicht von der Sorge um die Gesundheit der Versuchspersonen
inspiriert. Eine Beschreibung von Gefahren, die den Besatzungen von Schiffen mit EMP-Ausrüstung drohen und somit zahlreiche Schutzmaßnahmen notwendig machen würden, war
aber das letzte, wofür das Pentagon sich interessieren mochte.
Andere Testreihen, die einmal beschlossen worden und
nun nicht zu umgehen waren, wurden nur im Schnecken-
tempo weitergeführt, während es gleichzeitig bei der Entwicklung von Energiestrahlungswaffen mit großen Schritten
voranging. Ziel dieser Taktik war schlicht und einfach Zeitge-

winn, der es dem Verteidigungsministerium schließlich erlauben sollte, ein Arsenal von Strahlungswaffen zu schaffen, um es dem Kongreß und der ganzen Bevölkerung als vollendete Tatsache und absolute Notwendigkeit zu präsentieren.

Zur Vorbereitung hielt es das Verteidigungsministerium für angebracht, die Fiktion eines „Nachholbedarfs an Strahlenwaffen" gegenüber der Sowjetunion in die Welt zu setzen. Mit dieser neuen Version eines alten Spiels – der Bomber- und der Raketen-„Nachholbedarf" früherer Jahre ist niemals bewiesen worden! – sollten gleichermaßen der Kongreß, die Öffentlichkeit und die Sowjetunion getäuscht werden. Als Teil dieser Manöver spielte sich zwei Jahre lang in den Medien ein Hin und Her von Teilinformationen, wissenschaftlichen Disputen, Dementis und Falschmeldungen ab. Sie alle basierten auf Nachrichten über technische Neuheiten oder echte und angebliche Geheimdiensterkenntnisse, die vom Pentagon aus recht gezielt zur Presse „durchsickerten"

Es begann 1975 damit, daß Berichte veröffentlicht wurden, nach denen die Sowjetunion energiereiche Laserstrahlungen dazu benutzt haben sollte, die Infrarotsensoren einiger Beobachtungssatelliten des amerikanischen Funkwarnsystems zu „blenden", und zwar von Bodenstationen aus. „Wenn aber die UdSSR in der Lage ist, amerikanische Satelliten zeitweilig unbrauchbar zu machen, verletzt das notwendigerweise das bestehende SALT-Abkommen über gegenseitige Rüstungsbeschränkungen der Großmächte."

In den Jahren 1976 und 1977 folgte ein ständiger Strom von Storys und Gegendarstellungen über verschiedene Vorstöße der Sowjetunion, den Weltraum für militärische Zwecke zu mißbrauchen. Als zum Beispiel die Solarzellen eines der vielen amerikanischen Beobachtungssatelliten einmal keinen Strom lieferten, wurden dafür zunächst „die russischen Killer-Laser" verantwortlich gemacht, ehe eine technische Störung als Ursache ausgemacht werden konnte. Dafür gab der Vorfall Anlaß dazu, Versuchsreihen zu beschließen, in denen die Wirkung von Laserstrahlen auf Solarzellen und Infrarotsensoren im Weltraum festgestellt werden sollte. Im September 1976 war in einer populären Zeitschrift zu lesen, nach vierjähriger Unterbrechung hätten die Sowjets ihre Tests mit „Killer-Satelliten" wiederaufgenommen, wodurch lebenswichtige amerikanische Nachrichtensatelliten in Gefahr geraten könnten. „Eine schwere Bedrohung unserer Weltraumpolizei!" Amerika müsse nun eine ebenbürtige Aktivität demonstrieren. Dazu könnten einige laufende Neuentwicklungen verhelfen, von denen die meisten noch streng geheim seien. Als Beispiel genannt wurde ein 27-Millionen-Dollar-Projekt zur Erforschung energiereicher Laserstrahlungen, das die Forschungsgemeinschaft ARPA ins Leben gerufen, jedoch bald in ein Programm für Weltraumanwendungen umgewandelt habe — speziell zur Erprobung von Techniken zur Bekämpfung fremder Satelliten. Ein Vertreter der Forschungsgemeinschaft protestierte zwar entsetzt: „Wir bauen keine Satelliten, um Laser als Waffen in den Weltraum zu schicken." Doch kaum war der Protest verhallt, gab das Novemberheft 1976 der Mikrowellen-Fachzeitschrift *Microwave Systems News* den Stand der Dinge wirklichkeitsnäher wie folgt wieder:

„Der Direktor des Instituts für Forschungen zur Landesverteidigung (DARPA), der den Komplex der Hochenergie-Lasertechnik in allen Auswirkungen übersehen kann, ließ keinen Zweifel daran, daß die Entwicklung im Grunde auf Laserwaffen im Weltraum hinzielt. Das DARPA-Institut beantragte dafür beim Kongreß auch Budgetmittel zur Weiterentwicklung nicht nur der Nutzung der sichtbaren Laserstrahlen, sondern zusätzlich auch der chemischen Lasertechnologie. Direktor Heilmeier brachte zum Ausdruck, wie seinerzeit bei den Systemen zur Raketenabwehr, sei jetzt der volle Einstieg in die Lasertechnik nötig, zumal die Luftwaffe mit der wiederverwendbaren Raumfähre *Space Shuttle*, die in Zusammenarbeit mit der NASA bis Mitte der 80er Jahre einsatzbereit gemacht werden soll, eine Plattform für ihre Überwachungssysteme haben wird, von der aus auch Laserversuche möglich sein dürften."

Daß leitende amerikanische Beamte so offen über geplante Verteidigungsvorkehrungen Erörterungen anstellen, ist eine der Methoden, die Sowjetunion subtil vor zu erwartenden

Gegenzügen im Rüstungs-Schachspiel zu warnen und so von lediglich befürchteten Neuentwicklungen abzubringen. Den eigenen Bewilligungsbehörden gegenüber wird dagegen die sowjetische Überlegenheit auf manchen Rüstungsgebieten vor Augen gehalten.

Ende 1976 schrieb John W. Finney in der *New York Times,* das Verteidigungsministerium verfolge mit wachsender Besorgnis die langfristigen Planungen der Sowjetunion, welche der Entwicklung von Jagdsatelliten gelten, die andere Satelliten oder Weltraumfahrzeuge zerstören können. „Ein Schritt, der uns wieder der Gefahr einer Ausbreitung von Kriegshandlungen in den Weltraum näherbringt." Die Meldung dagegen, 1975 wären amerikanische Satelliten durch russische Laserstrahlen geblendet worden, sei unzutreffend gewesen. Das Pentagon habe dies nicht nur dementiert, sondern dazu erklärt, die Störung der Sensoren sei auf zahlreiche helle Feuer zurückzuführen gewesen, die in der Sowjetunion entlang neuer Pipelines gebrannt hätten, um Erdgas abzufackeln. Diese Auslegung wurde jedoch wieder vom Außenministerium der USA dementiert, und zwar vom gleichen Beamten, der auch die Serien von Dementis über die Mikrowellenbestrahlung der Moskauer US-Botschaft verbreitet hatte. Seiner Lesart nach hat es an amerikanischen Satelliten bisher überhaupt keine unnatürlich verursachten Störungen gegeben.

Der Jahresbericht über militärische Forschungsvorhaben, der dem Kongreß im Februar 1977 übermittelt wurde, enthält den Hinweis: „Wir müssen auch auf sowjetische Aktivitäten auf dem Gebiet unsichtbarer Waffen gefaßt sein, die mit gerichteter Energiestrahlung arbeiten." Dazu stand in *Aerospace Daily:* „Unter gerichteter Energiestrahlung ist etwas zu verstehen, das dem reinen Laserstrahl-Verfahren weitgehend gleicht, jedoch im Licht auch Nuklearpartikel mitführt." Die *New York Times* meldete wiederum, Vertreter des CIA hätten mitgeteilt, daß beide Großmächte an einer Strahlungsart arbeiten, die mit Nuklearteilchen geladen ist und die Zündung anfliegender Atomsprengköpfe von feindlichen Raketen außer Kraft zu setzen vermag. Es sei aber schwer, den Partikelstrahl vom Boden in die Höhe zu bringen, weil die Atmosphäre dafür kaum durchlässig ist. Daher müßten durch umgebende Laser „Löcher in die Atmosphäre gebohrt" werden, ein Effekt, der durch die Aufheizung der vom Laser getroffenen Moleküle erreicht wird.

Vieles, was nur einmal erwogen wurde, geriet damals in die Spalten der Presse. Das IBM-Forschungszentrum z. B. zog die Verwendung neutraler Wasserstoffatome in Betracht, um Satelliten mit einer Abwehrstrahlung zu bewaffnen, bei der es auch keine Schwierigkeiten mit magnetischen Feldern geben könne; die Firma Rockwell International untersuchte dagegen die Möglichkeit, Satelliten durch Änderungen von Bahn und Geschwindigkeit so zu manövrieren, daß sie den Kampfsatelliten eines Gegners entkommen. Nach wie vor bleibt der alles verdampfende „Todesstrahl" Science fiction. Aber Laser mit ausreichender Zerstörungskraft schienen längst dabei zu sein, die Arsenale der Supermächte zu „bereichern". Der Kohlenmonoxid-Hochenergie-Laser ist nach Angaben seines Erfinders Dr. Kumar Patel schon nach heutigem Stand der Technik, allerdings unter hohem Aufwand, dazu imstande, von einem mit den zugehörigen Apparaturen vollgepackten Transportflugzeug aus auf weite Entfernung andere Flugzeuge vom Himmel zu strahlen. An solchen Entwicklungen arbeitete zum Beispiel im Auftrag des Instituts für Forschungen zur Landesverteidigung (DARPA) unter dem Code-Begriff „Die achte Karte" ein Laserwaffen-Entwicklungsteam im Luftwaffenstützpunkt Kirtland bei Albuquerque, New Mexico.

Die Spekulationen und Meldungen erreichten ihren Höhepunkt in der ersten Hälfte des Jahres 1977, als zwischen Luftwaffe, Verteidigungsministerium und Geheimdiensten mehrere Monate lang hitzige Debatten darüber geführt wurden, wie weit wohl die Sowjetunion mit der kontrollierten Nutzung von Partikelstrahlungen vorangekommen sei. Die Meinungen der Generale und Wissenschaftler bewegten sich dabei zwischen den Extremen „Sie sind den USA um fast 20 Jahre voraus" und „Sie haben erkannt, daß das Verfahren nicht viel bringt und Partikelstrahlungen am besten im Elektronenbeschleuniger aufgehoben sind". Fragwürdige Berichte schwirrten umher, zum Beispiel über unterirdische Versuche der Sowjets in der Nähe des Kaspischen Meeres, die Energie für Partikelstrahlenwaffen durch einen MHD-Generator neuester Konstruktion zu gewinnen, oder über die Tatsache, daß es schon viele Jahre vorher in den USA Ansätze zur militärischen Nutzung von Partikelstrahlen gegeben hatte, die es nun wiederaufzunehmen gelte; weil nämlich Elektronenstrahlen unter anderem nicht wie Laser gegen Wettereinflüsse empfindlich seien und die Strahlenwaffe mit Lichtgeschwindigkeit arbeitet, also „Flugzeit null Sekunden" aufweisen kann. Weitere Veröffentlichungen gingen auch auf die technischen Probleme ein, die der Nutzung von Partikelstrahlen als Waffe entgegenstehen.

Im großen und ganzen waren alle Autoren und Sprecher unwissentlich Sprachrohre einer riesigen Täuschungskampagne des Verteidigungsministeriums, das virtuos die Medien nur dazu benutzte, alle Welt von der Notwendigkeit der Strahlenwaffe zu überzeugen. Damit sollten aber vor allem die Kongreßausschüsse zur Bewilligung weiterer Gelder veranlaßt werden. Nach außen hin galt es, die Russen über die wahre Natur der geheimnisumwitterten Neuentwicklung zu verunsichern. Als aber der Kongreß nach dem mindestens siebenjährigen Versteckspiel die Augen öffnete, wurde ihm nicht länger das Bedürfnis nach einem neuen Waffensystem vorgespielt; das Pentagon zog es vielmehr fix und fertig aus dem Zylinder. Und dieses „neue" System arbeitet, wenn nicht alles täuscht, keineswegs mit Partikelstrahlen, von denen bei der Budgetierung der Kosten zwar viel die Rede gewesen ist, deren Nachteile aber allzusehr die Vorteile überwogen.

Der ganze Lärm um Todesstrahlen besonderer Art erwies sich im nachhinein nur als ein Mittel zu dem Zweck, bis zuletzt zu verbergen, was in Wirklichkeit hinter Amerikas Energiestrahlungswaffe steckt: das Senden hochintensiver Mikrowellenimpulse, modifiziert nach dem längst erprobtem EMP-Verfahren. Daß damit gegenüber der Waffentechnik der Sowjetunion ein „Nachholbedarf" gedeckt wurde, kann man sicher nicht behaupten. Für die Öffentlichkeit erstaunlich ist es jedoch, daß nun mit voller Absicht eine Strahlung für

Zerstörungszwecke eingesetzt werden soll, die immer dann, wenn es um ihre Auswirkungen auf den menschlichen Körper geht, als praktisch ungefährlich dargestellt wird.

22. Seefahrer

Der ehemalige französische Ministerpräsident Georges Clemenceau (1841–1929) hat einmal gesagt, Krieg sei eine viel zu wichtige Angelegenheit, als daß man sie den Militärs überlassen könnte. Dasselbe gilt natürlich für Volksgesundheit und Arbeitssicherheit. Denn es erscheint logisch, daß jemand, der dabei ist, geheime Hochfrequenzstrahlungswaffen zu entwickeln, zum Heucheln gezwungen ist, wo immer von ähnlichen Strahlen gesprochen wird. In den USA wird es auch niemand dem Verteidigungsministerium zumuten, daß es selbst wissenschaftliche Forschungen mit dem Ziel unternimmt, alle Amerikaner vor dem zu erwartenden Mikrowellen-Smog zu schützen. Damit sie sich aber selbst vor Schaden bewahren können, müssen die Bürger einer Demokratie in aller Deutlichkeit aufgeklärt werden. Das mindeste sind genaue Informationen für die Wissenschaft über die möglichen Gesundheitsgefahren. Denn nur der, der Bescheid weiß, kann der Gefahr durch geeignete Vorbeugungsmaßnahmen begegnen. Das war so beim Insektengift DDT und gilt, außer für Asbest und Vinylchlorid, auch für die Aerosole (Treibgase) und eine Menge anderer unter Umständen gefährlicher Substanzen bzw. giftiger Chemikalien. Und selbstverständlich trifft es auch für einen innerlich wirkenden „Schadstoff" wie die elektromagnetische Strahlung zu, die den Menschen einfach durch die Haut geht.

Als noch immer aktueller Fall sei hier das Marine-Projekt SEAFARER genannt, das bereits im Jahre 1968 unter dem Codenamen „Sanguine" angekündigt worden war. Die neue Bezeichnung wurde aus Buchstaben der folgenden Projektbeschreibung zusammengesetzt: *S*urface *E*xtremely-low-frequency radio waves *A*ntenna *F*or *A*ddressing *R*emotelydeployed *R*eceivers — „Unterirdische Antenne für extrem niederfrequente Langwellen zur Kommunikation mit in großer Entfernung verteilten Empfangsstellen". Hauptzweck der Anlage: Schaffung einer einwandfreien Funkverbindung zwischen Washington und den in den Weltmeeren kreuzenden amerikanischen Atom-Unterseebooten. Eine gigantische Radioantenne sollte hierzu ein bis zwei Meter tief im Boden des zu Wisconsin gehörenden Teils der Oberen Halbinsel vergraben werden, auf einer Fläche von fast 10 000 km². Die hier zu erzeugenden Wechselstromimpulse würden Erdreich, Biosphäre und Meerwasser so durchdringen, daß selbst ein paar tausend Meter tief getauchte U-Boote praktisch überall die Signale empfangen und erwidern könnten. (Noch 1963 hatte sich die Marineführung mit der Vorstellung begnügt, in den Appalachen eine rund 165 km lange Antenne zu bauen, die mit nur einem halben Watt Sendeleistung U-Boote in geringen Tauchtiefen, aber immerhin bis zu 4 500 km Entfernung erreichen sollte.) Als Prototyp wurde im Jahre 1971 eine ELF (= *E*xtremely-*l*ow-*f*requency)-Antenne am Clam-See im nördlichen Wisconsin angelegt. Sie verläuft bei insgesamt 50 km Länge je zur Hälfte in Ost-West- und Nord-Süd-Richtung und ist eingebettet in die nichtleitenden Felsformationen des Laurentinischen Schilds. Mit weniger als 1 Watt Sendeleistung konnte sie an U-Boote unter dem Treibeis des Nordmeers Nachrichten übermitteln. Anders als beim EMP-Verfahren oder der neuen Energiestrahlungswaffe war allerdings eine Geheimhaltung des Projekts wegen der gewaltigen Erdarbeiten nicht möglich. Und so geriet es schließlich an die Öffentlichkeit.

Als herausgefunden worden war, daß von parallel verlaufenden elektrischen Leitern wie z. B. Weidezäunen oder Telefon- und Strom-Überlandleitungen in die ELF-Antenne genügend hohe Stromspannungen induziert werden könnten, um Betriebsstörungen herzurufen, nahmen sich Umweltschutz-Organisationen der Sache an. Im Kreuzfeuer der einsetzenden Kritik mußten Untersuchungsergebnisse preisgegeben werden, aus denen zu erkennen ist, daß auch von extrem niedrigfrequenten Radiowellen für Menschen und Tiere Gefahren ausgehen. Entsprechende Erscheinungen sind längst bekannt aus der Erfahrung mit Hochspannungsleitungen aller Art. Sie stören nicht nur durch ihr elektromagnetisches Feld den Empfang des Autoradios, sondern behindern das Wachstum von Pflanzen, die unter der Freileitungs-Trasse bekanntlich dahinkümmern. Die Strahlung verwandelt Luftsauerstoff in gesundheitsschädlichen Ozon, läßt Funken springen oder bringt noch in 100 m Entfernung von der Fernleitung Fluoreszenzlampen zum Leuchten. Vor allem aber wird der biologische Rhythmus der meisten Lebewesen im Umkreis des Strahlungsfeldes spürbar beeinträchtigt. So ist es kein Wunder, daß die auch optisch so umweltfeindlichen Hochspannungsmaste von Tieren gemieden werden. Bei der Testanlage zum Projekt Sanguine/Seafarer („Heißes Blut"/„Seefahrer") wurde zum Beispiel befürchtet, den häufig vorüberfliegenden jungen Möwen und Wildenten werde durch die mindestens bis in 300 m Höhe wirkende langwellige Strahlung zeitweilig der Orientierungssinn genommen.

Wegen der wachsenden Bürgerproteste gegen die geplante endgültige Anlage versuchte die Marine schließlich, damit auf ein geeignetes Gelände im Bundesstaat Texas auszuweichen. Aber auch hier brachte der Widerstand der Bevölkerung das Vorhaben zu Fall. Und das, obwohl zu dieser Zeit die Ergebnisse der 1972/73 (im Luft- und Raumfahrt-Laboratorium der Marine in Pensacola) durchgeführten Versuche mit extrem langwelligen Strahlungen wegen ihrer Brisanz noch geheimgehalten wurden. Bei den Versuchspersonen hatte sich nämlich in 9 von 10 Fällen eine abnorme Erhöhung des Triglycerinspiegels im Blutserum gezeigt, ein Symptom, das normalerweise mit Schlaganfällen und Herzkranzgefäßerkrankungen einhergeht. Und bei 11 anderen Personen stellte sich bei längerem Aufenthalt im Strahlungsbereich eine Beeinträchtigung der Fähigkeit ein, einfache Zahlenkolonnen rechnerisch richtig zu addieren. Offiziell leugnete die Marineführung nach wie vor, daß irgendwelche nachteilige biologische Wirkungen von extrem langen Radiowellen ausgehen könnten.

Im Jahre 1975 bot der republikanische Gouverneur des Staates Michigan, W. G. Milliken, der Marine ein Areal an, das ebenfalls auf der Oberen Halbinsel lag, also ganz in der Nähe der Testanlage im Nachbarstaat Wisconsin. Doch inzwischen waren die alarmierenden Ergebnisse der Marine-Untersuchung mit freiwilligen Testpersonen durch die Presse gegangen, und so formierte sich auch in Michigan umgehend eine Oppositionsbewegung. Durch eine Volksabstimmung wurde der Bau der unterirdischen Riesenantenne mit Zweidrittelmehrheit verworfen. Dieses Ergebnis wurde von den Umweltschützern natürlich weithin bekannt gemacht. Nun war das Projekt Seefahrer schon in drei Staaten, die für die Antennenanlage die geographischen Voraussetzungen sowie geeignetes Gelände boten, durch Bürgerinitiativen blockiert. Die Marine bestellte daher von der Akademie der Wissenschaften ein „neutrales Gutachten" über biologische und Umwelt-Effekte der ELF-Strahlung". Doch wie üblich, war das 15köpfige Gutachtergremium sehr unausgewogen zusammengesetzt. Es wußte denn auch zu dem Thema überhaupt nichts Neues beizutragen. Und ein Sprecher der Umweltschützer brachte zum Ausdruck, der Gouverneur von Michigan müsse endlich erkennen, daß durch ein passendes Gutachten weder mehr Verständnis zu gewinnen ist noch der Widerstand gegen das Projekt Seefahrer erschüttert werden kann. Der Gouverneur dagegen war außer sich, denn er hatte Präsident Carter und Verteidigungsminister Brown das Angebot gemacht und fühlte sich bei der Regierung im Wort.

Im März 1977 teilte ihm Marineminister Clayton mit, das Projekt Seefahrer habe weiterhin höchste Priorität und könne allein Effektivität und Sicherheit der U-Bootflotte gewährleisten. Admiral Holloway betonte in einem beigelegten Memorandum, das Projekt müsse wirklich und rasch zur Durchführung kommen, weil es keine gleichwertigen Alternativen für einwandfreien Funkverkehr mit der U-Bootflotte gebe; es sei denn, man verwende auf den Booten dicht unter die Wasseroberfläche reichende Antennen und setze sie so der Gefahr aus, entdeckt zu werden. Bald darauf begann eine breitangelegte Kampagne der Marine gegen die Behinderung des Antennenbaus, in der sich viele Persönlichkeiten für Projekt Seefahrer aussprachen, darunter auch Ex-Präsident Gerald

Ford. Angesichts dieses verbalen Druckes gab der Kongreß rasch nach und bewilligte eine erste Rate von 20,1 Millionen Dollar für die Bauvorbereitung. Der Marineminister schrieb am 26. Mai 1977 an die Fernsehstation WLUC-TV in Marquette, niemand könne es dem Gouverneur zugestehen, gegen den Bau der Seefahrer-Antenne in Michigan ein gültiges Veto einzulegen, selbst wenn er damit nur das Ergebnis einer Volksabstimmung zu vertreten versuche. Es sei auch nicht zu erwarten, daß der Kongreß dem Gouverneur eines Bundesstaates das Recht übertragen wolle oder könne, über eine Frage der Nationalen Sicherheit der gesamten USA endgültig zu entscheiden.

So überraschte es niemand, daß sich einen Monat später in Washington die beiden *Komitees für Fragen der Streitkräfte* von Kongreß und Senat zusammensetzten, um ihre Differenzen über das Projekt Seefahrer beizulegen. Auf dieser hohen Ebene hatte zwischen der Bundesregierung und den betroffenen Bundesstaaten ohnehin kein so ausgeprägter Interessengegensatz bestanden, wie man ihn nach dem vehementen Eintreten der Bürger für den Umweltschutz hätte erwarten dürfen! Das Projekt Seefahrer sollte also nun planmäßig in die Tat umgesetzt werden. Im August 1977 stellte die Akademie der Wissenschaften dazu fest, die Wahrscheinlichkeit von wirklich schädlichen biologischen Effekten der ELF-Strahlung sei wirklich nur sehr klein, wenn man von der Möglichkeit absieht, daß jemand ein paar leichte elektrische Schläge vielleicht als schmerzhaft empfindet, die bei leistungsstarken elektrischen Einrichtungen überall vorkommen können. Kein Wort davon, was Präsident und Verteidigungsminister hinter den Kulissen über den Standort vereinbart haben; nur die Gewißheit, daß der Marine auf jeden Fall ein ELF-Antennensystem zur Kommunikation mit den U-Booten in großer Tauchtiefe in den 80er Jahren zur Verfügung stehen *muß*.

Auch einige Alternativen zur unterirdischen Antennenanordnung wurden jetzt erwähnt: eine 1 300 km lange Starkstromleitung von Los Angeles bis hinauf nach Oregon könnte errichtet werden, welche die Antennenfunktionen erfüllt; Boeing möchte von einem Jumbojet eine 35 km lange ELF-

Antenne schräg durch die Luft schleppen lassen; das Forschungslaboratorium der Marine hatte den Einfall, eine schwebende Riesenantenne aus Ballons zusammenzusetzen; und der Kongreß hatte schon einmal vorgeschlagen, die Verbindung zwischen Washington und der U-Bootflotte über Satelliten mittels Laserstrahl herzustellen. Dinge, über die wie üblich keine Informationen gegeben werden, so daß sich auch niemand gegen davon ausgehende Gefahren schützen könnte. Und natürlich hat der einzelne genausowenig wie die Staatsregierungen von Wisconsin, Texas und Michigan die Freiheit, über ein Projekt mitzuentscheiden, das durch niedrigstfrequente Radiowellen die unversehrte Biosphäre schädigt.

23. Ungeklärte Fälle

Auch bei allen anderen Planungen und Anlagen, die aus der großen Verbreitung von Mikrowellenanwendungen und Hochfrequenzstrahlen mit Radiowellenlängen resultieren, hat der einzelne Bürger keine Möglichkeit, Einsprüche geltend zu machen. Verantwortlich für diesen Zustand ist das schon mehrfach kritisierte und überall praktizierte Zurückhalten einschlägiger Informationen. Offenbar wird die Mikrowellen-Elektronik von spezialisierten Insidern beherrscht, die auf bestimmte Firmen bzw. Behörden eingeschworen sind.

Vor allem über die vielen als Staatsgeheimnis behandelten funktechnischen Entwicklungen erfährt man nur zufällig etwas aus verstreuten Beobachtungen, Meldungen, wissenschaftlichen Berichten und Verlautbarungen. Was über das geheime EMP-Verfahren bekannt geworden ist − vgl. 12. Kapitel −, geht fast durchweg auf die Aussagen zurück, die von den unerschrockenen Leuten gemacht wurden, die vor einigen Jahren in Zivilprozessen gegen Luftwaffe und Staat für die bei ihrer Arbeit erlittenen Gesundheitsschäden Entschädigungen bzw. Renten erstritten haben. Es hat sich hier wie in anderen Fällen gezeigt, wie ungenügend Sicherheitsfragen von vornherein beachtet werden. Es ist daher an der Zeit, die 40jährige bisherige Entwicklung der Mikrowellentechnik als eine für die Gesellschaft wertvolle, wenn auch bittere Lehre anzunehmen. Wenn weiterhin viele Fragen, die man bei Kenntnis bestimmter Vorhaben den dafür Verantwortlichen zu Beginn stellen sollte, unbeantwortet bleiben müssen, weil die Geheimniskrämerei anhält, kommt die Volksgesundheit immer deutlicher zu kurz. Dadurch wird die Welt eines Tages einer Gesundheitskatastrophe gegenüberstehen, die — bei Erbschäden — vielleicht irreparabel ist. Die zunehmenden Erkrankungen und Deformationen der Fische in den von Abwässern vergifteten Meeren führen uns schon vor Augen, wie schnell eine vergleichbare gefährliche Entwicklung abzurollen vermag. Da niemand genau weiß, in welchem Ausmaß und in welcher Zeitspanne die uns überall umgebenden Strahlungen verschiedenster Art Krebs und andere biologische Schäden verursachen, könnte es sogar sein, daß der Tag der prophezeiten Katastrophe gar nicht so fern liegt.

Solange der undurchsichtige Schild des Geheimnisschutzes so vieles von den mit Strahlungen verbundenen Techniken verbirgt, werden leider die Spekulationen über Anwendungen und Wirkungen nicht abreißen. Man muß weiterhin aus scheinbar unzusammenhängenden Nachrichten Verbindungen herzustellen versuchen und daraus Schlüsse ziehen. Wie zum Beispiel im nie geklärten Fall, der im Mittelpunkt dieses Kapitels steht. Er bezieht sich auf ein Vorkommnis aus der Zeit, als in Iran noch Schah Reza Pahlewi den Amerikanern garantierte, daß sie sich in diesem Land wie zu Hause fühlen konnten.

Am 28. August 1976 wurden drei Angestellte der Rockwell International Corporation, die mit einem Kleinbus in Teheran unterwegs waren, mitten in der Stadt überfallen und getötet. Wie damals üblich, gab die Presse „islamischen Moslem-Terroristen" die Schuld an dem Attentat. Doch gegenüber amerikanischen Diplomaten äußerten sowohl der Schah als auch der frühere CIA-Direktor und nachmalige US-Botschafter in Iran Richard M. Helms die Meinung, daß hinter der Affäre die Sowjets stünden. Daß von sowjetischen Agenten amerikanische Techniker umgebracht wurden, ist ein in der Welt einmaliger Fall. Man fragt sich nach dem Tatmotiv. Warum traf es unter rund 30 000 damals ständig in Iran anwesenden Amerikanern diese drei Männer und nicht die Techniker größerer Elektronikfirmen? Dazu ist interessant zu lesen, was Bob Woodward am 2. Januar 1977 in der *Washington Post* zu berichten wußte:

Natürlich hatten die Leute mit einem der Radargeräte zu tun, die rings um das Kaspische Meer postiert waren, um den sowjetischen Funkverkehr zu belauschen. Doch gerade die ermordeten Drei bedienten nicht irgendeine der Anlagen, sondern arbeiteten am Zusammenbau eines völlig neuen, geheimen, großen automatischen Signalsammlers, der IBEX genannt wird. Unter dem Deckmantel eines amerikanischen „Beraterteams" hatten 15 Mitarbeiter des CIA die Pläne für den Zusammenbau geliefert.

Sowohl dies als auch der Umstand, daß nur die Monteure dieser einen Anlage in der Welt den Sowjets so wichtig zu sein schienen, daß sie einen Mord und damit das Risiko eines schweren internationalen Zwischenfalls nicht scheuten, weist darauf hin, das IBEX wohl doch etwas ganz Besonderes zu sein scheint.

Aber welche Aufgaben waren es nun, die das bisher unbekannte Kontrollgerät erfüllte? Und warum wurde der Vorfall von der Regierung in Washington fast ganz ignoriert? Bob Woodward weiß in seinem Artikel darauf keine Antwort. Aber er zitiert am Ende einen Mitarbeiter des Verteidigungsministeriums, der mit der Sache vertraut sei. Dieser habe erklärt, IBEX sei ein technisch spitzfindig konstruiertes, unhandliches Gebilde, das sich so wenig bewähre, daß man es als „Ausschuß" bezeichnen könne. – Nun, dies war wohl die einzige falsche Angabe in dem sonst exzellent recherchierten Artikel über Schiebungen bei den amerikanischen Waffengeschäften mit persischen Behörden. Denn diese Bemerkungen über IBEX haben alle Kennzeichen eines überlauten Dementis, das zum Verwischen einer Spur eingesetzt wird.

Die Firma Rockwell ist einer der besten Lieferanten von Ausrüstungen für die gesamten US-Streitkräfte und die NASA. Warum sollte sie ausgerechnet in Iran ein einzelnes und dann auch noch unvollkommenes elektronisches Spezialgerät aufstellen, für das der Schah viele Millionen gezahlt hatte? Warum wurden die drei darauf spezialisierten Techniker umgebracht, wenn sie sich angeblich nur mit Ausschußware abmühten? Die Antwort darauf muß spekulativ bleiben, baut jedoch gewissenhaft auf verschiedenen Äußerungen von Fachleuten und Quellen sowie Vorkommnissen in der Weltraumfahrt auf.

Tatsächlich dürfte IBEX das Gegenteil von einem Stück alten Eisens gewesen sein, nämlich das Zentrum einen komplexen Überwachungssystems, das speziell d i e Signale aus dem ganzen übrigen russischen Funkverkehr filtern, interpretieren und womöglich beeinflussen konnte, die im Moment des Abschusses eines sowjetischen Jagd- und Killer-Satelliten oder eines Satelliten mit Energiestrahlungswaffen gegeben werden müssen. Mutmaßlich könnte ein solches System auch einen amerikanischen Gegenangriff mit Energiestrahlen steuern, vielleicht in Form eines gewaltigen elektromagnetischen Impulsstoßes, der aus dem Weltraum direkt auf sowjetisches Gebiet gerichtet wird. Das heißt nicht weniger, als daß der totale Krieg im All schon stattfinden könnte. Und das IBEX-Gerät ist vielleicht zentraler Bestandteil eines Weltraumkampfsystems. Die soeben ausgesprochene Vermutung ist nicht so abwegig, wie sie klingen mag. Denn seit Anfang der 70er Jahre sind Studien, Versuche, Fachaufsätze und Materialuntersuchungen nachzuweisen, die sich mit der Abwehr etwaiger feindlicher Jagdsatelliten befassen oder mit der Steuerung eigener Satelliten auf eine Fluchtbahn. So wird vermutet, daß die drei im Dezember 1976 von der Sowjetunion hintereinander gestarteten Satelliten *Kosmos 881, 882* und *885* etwas mit Tests zum Abfangen und Zerstören anderer Satelliten zu tun hatten. Dasselbe gilt für mehrere ähnliche Massenstarts, die westlichen Beobachtern noch Rätsel aufgeben. Und am 3. April 1980 meldeten die Radiostationen, nach zweijähriger Pause sei in der Sowjetunion als

Kosmos 1171 ein neuer „Killer-Satelliten"-Prototyp in eine Erdumlaufbahn geschossen worden.

Man wird sich trotz aller widersprechenden Beteuerungen der beiden Weltmächte damit abfinden müssen, daß inzwischen schon Energiestrahlungswaffen bereitstehen, die im Weltraum aufmarschieren können. Es ist nahezu sicher, daß auch die NASA-Projekte *Weltraum-Generator* und *Raumfähre Space Shuttle* bei den Erprobungen mitwirken sollen. Ebenso ist anzunehmen, daß eine ganze Anzahl der vielen amerikanischen sogenannten Wetter-, Nachrichten- oder Forschungssatelliten in Wirklichkeit das himmlische Gegenstück zu den Tiefseeforschungsstationen des CIA sind. Und wenn man die Existenz all dieser Dinge voraussetzt, dann gab es für die Sowjets plausible Gründe für ihren Anschlag in Teheran. Die Ausschaltung eines hochspezialisierten Montageteams für ein Kampfsatelliten-Leitsystem wäre als der Versuch anzusehen, den waffentechnischen Fortschritt der Gegenseite zu bremsen und zugleich vor weiteren Eskalationen zu warnen. – Auf all die militärischen Pläne wurde hier eingegangen, um eine zusätzliche Gattung unkontrollierbarer Strahlungsquellen zur Sprache zu bringen, die sich im wahrsten Sinne des Wortes über die Köpfe der Erdenbewohner hinweg ausbreiten werden.

Ungeklärte Fälle gibt es also genügend, vor allem in Bezug auf die richtige Erklärung bestimmter Erscheinungen und Ereignisse, deren offizielle Deutung unwahrscheinlich oder einseitig wirkt. Man kann sich z. B. auch vorstellen, daß das „Moskauer Signal" als Protestmaßnahme oder zur Vergeltung gedacht war, weil in den gleichen Jahren die amerikanischen Radarstationen in der Türkei und in Iran unverhohlen ihre elektromagnetischen Strahlungen in den Süden der Sowjetunion richteten. Wenn Dr. Zaret in Finnland so nachteilige Wirkungen russischer Radarsender festgestellt hatte (vgl. 6. Kapitel), hatten logischerweise auch sowjetische Bürger unter den Aktivitäten der USA zu leiden. Als Antwort bestrahlte man daher das Botschaftsgebäude in Moskau, wo sich die einzige größere Gruppe von Amerikanern befand, die für eine solche Demonstration erreichbar war und auch die Strahlungen bemerken konnte. Spinnt man den Faden der Spekulationen weiter, so läßt sich das abrupte Verschwinden des „Moskauer Signals" im Mai 1979 sogar damit in Verbindung bringen, daß als Folge der politischen Verhältnisse unter der islamischen Regierung Irans kurze Zeit vorher der Betrieb der amerikanischen Radarlinie am Kaspischen Meer hatte beendet werden müssen. Wer weiß, ob es nicht zu entsprechenden Geheimvereinbarungen zwischen den Politikern gekommen ist. Oder aber man sagt: Das „Moskauer Signal" war eine Demonstration der Stärke. Durch seine wechselnde Strahlungsintensität sollte es vielleicht Dr. Kissinger und später Außenminister Cyrus Vance deutlich machen, daß auch die sowjetischen Techniker in der Lage sein dürften, eine dem EMP-Verfahren ebenbürtige Strahlenwaffen zu schaffen.

Was die ungeklärten Dinge in den USA betrifft, so ist auch hier vieles möglich, was man als demokratischer Bürger vielleicht nicht wahrhaben möchte. Diese Bedenkenlosigkeit kam auf, als sich die USA durch russische Erfolge wie Wasserstoffbombe und Sputnik überrascht und gedemütigt fühlten. – Ungeklärt ist auch der genaue Zusammenhang zwischen Mikrowellenstrahlungen und Krebserkrankung, solange sich nicht die Ärzte ebenso offiziell auf eine Anerkennung der Tatsachen geeinigt haben wie z. B. in den Fällen Röntgenstrahlung, Rhesusfaktor und Asbestfasern. Die Zeit wird die Wahrheit auch über die Wirkungen der hochfrequenten Radiowellen ans Licht bringen – wenn es der Wissenschaft erlaubt wird, der Sache frei von einengenden Vorschriften auf den Grund zu gehen.

24. Gehirnwäsche mit Mikrowellenstrahlung

Da in den hochentwickelten Industriestaaten eine kleine Schicht mächtiger Leute allein bestimmt, was die Öffentlichkeit über Fortschritte und Gefahren der Mikrowellentechnik erfahren darf, ist es nicht schwer für ein Verteidigungsministerium, sich mit den von ihm abhängigen Lieferbetrieben über die Grundsätze der Publizität von Forschungsergebnissen z. B. zu Strahlungsauswirkungen genau abzustimmen. Beide Gruppen scheuen sich auch nicht, auf jeden, der diese stillschweigende Übereinkunft durchbricht, wirtschaftlich und politisch Druck auszuüben. Ein Arzt zum Beispiel, der nichtkonforme Ansichten vertritt, weil ihm aus eigenen Untersuchungen biologische Effekte hochfrequenter elektromagnetischer Strahlungen bekannt sind, die von den Lobbyisten abgeleugnet werden, findet sich rasch „kaltgestellt". Er wird auch häufig von seinen Kollegen, die sich in der Mehrzahl Ärger ersparen wollen, nicht besonders ernst genommen. So gerät ein unbequemer Wahrheitssucher rasch in Isolation; Beispiele für solche Fälle des Dirigismus in den USA wurden mehrfach in diesem Buch beschrieben.

Wenn sich nun die offiziellen Dienststellen gegenseitig informieren, so geschieht dies selten objektiv, sondern unter Wahrung der vorgefaßten Meinungen der genannten Interessengruppen. Oder es wird in Erfüllung eines nicht schlecht bezahlten Auftrags viel Papier mit einem wenig aufschlußreichen, mundgerechten Bericht gefüllt — wobei Quellen, die den Verfassern nicht in den Kram passen, als unseriös betrachtet und geflissentlich übergangen werden. Alle Merkmale solcher Methodik zeigt zum Beispiel der Bericht „Biologische Effekte von elektromagnetischer Strahlung (Radiowellen/Mikrowellen); Ergebnisse aus den kommunistischen Ländern Europas und Asiens" — ein zunächst geheimes Informationspapier, das vom Medizinischen Zentrum der US-Armee im März 1976 für den militärischen Abschirmdienst zusammengestellt wurde. Darin standen nur Dinge, deren Verbreitung in der Presse dem Verteidigungsministerium sehr recht sein konnte. So fiel es nicht schwer, den größten Teil des Textes schon 7 Monate später der Nachrichtenagentur Associated Press zur Veröffentlichung freizugeben. Daß es sich mehr um Propaganda als um neue Erkenntnisse handelte, fiel den verantwortlichen Beamten vielleicht infolge ihres betriebsblinden Sicherheitsdenkens gar nicht auf. Doch soll hier der Inhalt des Berichts kurz besprochen werden — gewissermaßen als ein Dokument für die leichtfertige Betrachtungsweise, die in Amerika in diesen Fragen die Richtung bestimmt.

Zu Beginn wird einmal mehr ausgeführt, daß hinsichtlich der maximal zulässigen durchschnittlichen Mikrowellenexposition in den Ostblockstaaten viel stärkere Beschränkungen gelten als in Amerika (vgl. Tabelle im 4. Kapitel, Seite 69). Dann folgt die vom Eigeninteresse geprägte Warnung: „Wenn die Länder des westlichen Verteidigungsbündnisses strikt auf ähnlich strengen Standards bestehen wollten, brächte dies erhebliche Nachteile mit sich, sowohl für die Industrieproduktion wie für die militärischen Einsatzzwecke von Mikrowellenanlagen". Ein Motto, welches der bisherigen Handhabung des Problems durch Industrie und Militär erneut ein Alibi liefert! Begründung: Im Ostblock wird ja den lobenswert strengen Gesundheitsstandards nur Lippendienst gezollt; den Militärs sei es in Wahrheit gestattet, elektromagnetische Wellen ohne jede Einschränkung bei nur geringer Information der Mannschaften einzusetzen. Und dadurch ergebe sich alsbald eine Überlegenheit des Ostblocks bei der militärischen Nutzung elektronischer Technologien, die übrigens auch zur Bestrahlung von Einzelpersonen eingesetzt würden – sowohl im Kampf wie zum Verhör von Gefangenen, deren Aussagen durch Mikrowelleneinwirkung auf das Gehirn beeinflußt werden könnten. – Der Rest des Berichts ist dann ein Kompendium von absichtlichen Ungenauigkeiten, Widersprüchen, unfreiwilliger Komik, Mißverständnissen und Auslassungen. Was soll die tiefschürfende Erkenntnis, daß man „keine bemerkenswerten Forschungen auf dem Gebiet in folgenden kommunistischen Staaten feststellen kann: China, Nordkorea, Vietnam"? Warum muß der Abschirmdienst in einer geheimen Zusammenstellung nur Allgemeines über die zwischen 1968 und 1975 in Ostblockländern durchgeführten Studien erfahren, von denen schon ausführlich in der amerikanischen Fachliteratur berichtet worden war? Die größte Unterlassungssünde begingen die Autoren des Geheimberichts im Schlußabschnitt „Zusammenfassung, Trends und weitere Entwicklung", indem sie in ihrem Eifer, die „Machenschaften der kommunistischen Forscher" darzulegen, überhaupt nicht erwähnen, daß all die Untersuchungen, die sie den „Kommunisten" vorwerfen, nahezu genauso von Dr. Allan Frey im Auftrag des amerikanischen Marine-Forschungsinstituts durchgeführt wurden (vgl. S. 71 ff.). Dafür heißt es im Text:

Es konnte keine kommunistische Forschungs-Aktivität identifiziert werden, die direkt zu irgendwelchen Angriffswaffen Bezug hat. Dennoch kennen die sowjetischen Wissenschaftler sehr genau die biologischen Effekte von Mikrowellenstrahlungen geringer Intensität. Ihre Erkenntnisse über deren interne Wahrnehmbarkeit und andere Wirkungen beim Menschen könnten die Sowjets dazu ausnutzen, kleine Sendeeinrichtungen herzustellen, die Befinden und Leistungsfähigkeit von Soldaten oder auch von diplomatischem Personal beeinträchtigen können. Selbst als Werkzeug zur Erlangung von Geständnissen dürfte daher Mikrowellenstrahlung geeignet sein. Es existieren ausführliche sowjetische Studien über psychophysiologische und Stoffwechsel-Veränderungen unter Mikrowelleneinfluß; dabei wurden vor allem die verschiedenen Reaktionen der Gehirnfunktionen auf elektromagnetische Wellen mit gemischten Frequenzen erforscht. Als physiologischer Strahleneffekt wurde in Versuchen mit Fröschen Herzschlag herbeigeführt. Dazu gelang es, durch ein Mikrowellensignal geringer Leistungsdichte mit hoher Impulsfrequenz, das auf die Brust gerichtet wurde, den Herzmuskel zu depolarisieren. Es dürfte eine Frequenz gefunden worden sein, bei der das gleiche tödliche Ergebnis auch bei Menschen erzielt werden kann. Eine weitere Möglichkeit ist die Störung der Blutzufuhr zum Gehirn durch geeignete Bestrahlung. Dadurch können schwere neuropathologische Symtome sowie der Tod verursacht werden, bzw. dauernde Geisteskrankheit.

Nun, in diesem Buch wurde mehrfach belegt, daß es seit über 20 Jahren ganz ähnliche amerikanische Versuche gab. Würde man mit entsprechend „geeigneten Frequenzen" bei Menschen Impulsbestrahlungen anwenden wie Allan Frey bei seinen bedauernswerten Ratten, wären die Folgen verhängnisvoll. Und wer soll glauben, daß dies nicht auch im Westen

Assoziationen hervorruft, wie man sie den Sowjets zum Vorwurf macht: Ausnutzung der Wirkungen für nicht gerade
friedliche Zwecke. — Weiter wird in dem Bericht mitgeteilt,
die Russen könnten durch modulierte Mikrowellensignale
nicht nur Töne, sondern vielleicht ganze Wörter in ein Gehirn
„senden", die dem Betroffenen als akustische Wahrnehmun-
gen, ja unbewußt als eigene Einfälle erscheinen. Der so Mani-
pulierte würde von der Bestrahlung nichts spüren, da die geringe Leistungsdichte sonst keine Beschwerden zur Folge
hätte. Dasselbe wurde aber im Frühjahr 1973 im Walter-Reed-
Forschungsinstitut der Armee von Dr. Sharp und seinen Mitarbeitern erfolgreich in Selbstversuchen untersucht. In einem
schallschluckend ausgekleidetem Raum sitzend erkannte Dr.
Sharp den Klang einiger Wörter, die nicht gesprochen, sondern einer 2-Gigahertz-Mikrowellenstrahlung mittels Audio-
gramm aufmoduliert worden waren. Ein Fall, den die Verfasser des „Ostblock-Berichts" sicher kannten. Sie sagen im
übrigen voraus, daß die Sowjetunion das Phänomen der
nichtakustischen Übermittlung von Tönen zu einem ganzen
System von Beeinflussungstechniken ausbauen wird. Und
die Ergebnisse dieser Forschungen könnten erhebliche
Bedeutung für die Rüstung haben. (Statt z. B. mit tödlichem
Gas würde man mittels Mikrowellen die Gegner durch nur
zeitweilige Sinnestäuschung außer Gefecht setzen; fast ein
humanes Gegenstück zur 1979 angekündigten Neutronen-
bombe der USA!)*. Doch der rote Faden, der sich durch den
ganzen Bericht zieht, ist die Absicht, den Amerikanern zu
zeigen, daß die Ostblockstaaten tief und bedrohlich in die
Nutzung der Mikrowellentechnologie verstrickt sind. Dieses
Schauergemälde rechtfertigt am besten jedes amerikanische
Engagement in elektronischer Aufrüstung. Im Endeffekt wird
gesagt: Mikrowellenstrahlung ist als „Gehirnwäsche-Waffen-
system" leicht zu mißbrauchen, aber nur die „Kommunisten" wären so unmenschlich, dies auch in die Tat umzu-
setzen.

---

*Anmerkung des Übersetzers

Ein kleiner Teil des Gesamtberichtes ist bis heute geheim. Nichts zeigt deutlicher, daß auch in den USA seit Jahren große Anstrengungen gemacht werden, Mikrowellenstrahlung zur Waffe gegen Personen weiterzuentwickeln, sei es zum Kampf oder für das Verhör von Gefangenen. Was sonst könnte im geheimgehaltenen Textabschnitt besprochen sein. Ein paar Hinweise darauf gibt uns folgender Abschnitt des veröffentlichten Berichtsteils:

Bereits 1972 wurde vom Entwicklungszentrum für Armeefahrzeuge eine Studie unter dem Titel „Analyse des Mikrowellen-Einsatzes bei begrenzten Konflikten" herausgegeben, die den Nutzen radiofrequenter Energiestrahlung nachweist. Es werden sowohl die Auswirkungen auf Menschen als auch die auf Material untersucht, die tödlichen und die nicht-tödlichen Anwendungen, die erforderlich sein können, um Zeit zu gewinnen, Truppen zu binden und weitere Ziele auszumachen. Dieser Bericht kommt zu folgenden Schlüssen: a) Es ist heute möglich, ein Mikrowellen-Sperrstrahlsystem auf Selbstfahrlafetten oder Armeefahrzeugen ins Kampfgebiet zu bringen, das mit Hilfe bereits verfügbarer Technologie im Freien befindliche Personen völlig außer Gefecht setzen kann. b) Sehr wichtig wäre es, daß die Strahlenwaffen auch Personen in Fahrzeugen und Flugzeugen kampfunfähig machen. Dem steht entgegen, daß Metallflächen und -gitter die Wellen reflektieren. c) Die gepanzerten Flächen eines normalen Kampfwagens sind mit bekannter Technologie noch nicht durch Strahlungen zu zerstören.

Wie das Ausschalten von Soldaten bewerkstelligt werden würde, wird ebenfalls erläutert:

Die schwersten Schäden, die Mikrowellen-Sperrstrahlen anrichten, sind Hautverbrennungen dritten Grades. Bei Versuchen in Fort Knox, Kentucky, wurden solche in 2 Sekunden hervorgerufen, wenn die Leistungsdichte 20 W/cm² und die

Frequenz nahezu 3 Gigahertz betrug. Das gelang mit den üblichen Küstenwachtgeräten nach dem Stand der Technik Anfang der 70er Jahre. Was die sowjetischen Erfahrungen mit elektromagnetischer Energiestrahlung betrifft, so ist diese der amerikanischen zwar sehr ähnlich, aber nicht ebenbürtig. Es wird jedoch ebenfalls an transportablen Sperrstrahlern weitergearbeitet. Eng damit hängt es wohl zusammen, daß die Sowjets ihre Forschungen über Verbrennungen und Heilmaßnahmen dafür vorantreiben: möglicherweise dienen diese Anstrengungen der Entwicklung von Gegenmaßnahmen zur Mikrowellen-Sperrstrahlung.

Man weiß nicht recht, was man zu diesen Sätzen sagen soll. Erst schien der Einsatz von Sperrstrahlen eine Art geistige Beeinflussung der Menschen zu beinhalten, dann kommt heraus, daß man mit 20 Watt (nicht Milliwatt) pro cm² Hautverbrennungen erzeugt – bei einer solchen Intensität kein Kunststück. Ein derart intensiver Strahl gleicht einem elektronischen Flammenwerfer; doch mit der Frequenz von 3 Gigahertz kann man mühelos Schädeldach und Hirn durchdringen. Was also steckt hinter diesem Experiment und warum wurde es durchgeführt? Und was könnte mit sowjetischen Gegenmaßnahmen gemeint sein – etwa eine Super-Brandsalbe? – Soviel zu der Unterstellung, nur die Russen dächten daran, Mikrowellen zur Personenbekämpfung einzusetzen.

Was die Pläne anbetrifft, Mikrowellen zur Erzielung von Sinnestäuschungen und bei Verhören zur „Gehirnwäsche" zu verwenden, so hat darüber Dr. Zaret vieles bei der Durchführung des Forschungsprojekts Pandora festgestellt und danach auch vorgeschlagen. Er bezog sich übrigens damals schon auf längst vorliegende russische Untersuchungsergebnisse, die z. B. eindeutig bestätigen, daß Mikrowellen-Impulsbetrieb viel gefährlicher für den Menschen ist als Dauerstrichbetrieb. Aus diesem Grund gelten ja, wie aus der Tabelle auf Seite 69 hervorgeht, in der DDR sowie in der Tschechoslowakei für jede der beiden Betriebsarten unterschiedliche Sicherheitsgrenzen hinsichtlich der maximal zulässigen Strahlungsexpositionen.

An Gerüchten über geheimnisvolle Geräte zur Gedankenkontrolle war in den 70er Jahren kein Mangel. Fast auf jeden Pressebericht folgte nach einiger Zeit eine Richtigstellung, wobei natürlich Entgegnungen dabei gewesen sein können, die der Verschleierung einer Geheimentwicklung dienen. Beflissene Umweltschützer mußten immer mehr erkennen, daß Strahlungen, die einerseits als verheerende Waffen dienen sollen, nicht harmlos sind, wenn sie unsichtbar der Luftraum der Städte mit elektronischem Smog anfüllen. Hinzu kommt der Elektrosmog aus den elektromagnetischen Feldern um Hochspannungsleitungen usw.; Dr. Zarets frühe Warnung, diese Verseuchung der Luft mit elektronischen und elektrischen Impulsen bedeute ein großes Gesundheitsrisiko, wurde nun wieder ernst genommen. Vom amerikanischen Umweltschutzamt wurde 1976 die Stadt Portland in Oregon als der am stärksten elektromagnetisch verseuchte Ort der USA bezeichnet. Es gibt schon Ansätze in den einzelnen Bundesstaaten, unnötige elektromagnetische Umweltverseuchung nach dem Verursacherprinzip unter Strafe zu stellen bzw. für intensiv strahlende Sendeeinrichtungen Abgaben zu erheben. Denn Tests mit Versuchsgruppen von Männern und Frauen aus weniger elektronisch verseuchten Gebieten, die eine zeitlang dem Strahlungspegel ausgesetzt wurden, wie er in New York sowieso in der Luft liegt, zeigten sehr wohl einige negative gesundheitliche Folgen. Steigert sich die Strahlenbelastung der Umwelt weiter mit einer unglaublich hohen Rate pro Jahr, können bald alle Menschen von diesen Schädigungen betroffen sein. Hinzu kommen noch Breitband-Überhorizont-Radars aus Ost und West, deren Impulsstrahlen unmerklich das Zentralnervensystem der davon berührten Menschen schädigen können. Im Oktober 1976 wurde z. B. als Quelle eines mysteriösen Impulssignals, welches in Amerika die Richtfunksender störte, eine sowjetische Experimental-Radarstation bei Minsk ausgemacht, die offenbar die Wirkung einer 2-Millionen-MW-Strahlung (mit Frequenz unter 6 Megahertz) auf die Ionsphäre feststellen sollte. Solche Meldungen werden durch immer neue übertroffen, seitdem die Inflation der Strahlungen unaufhaltsam geworden ist.

Epilog

25. Abwarten könnte tödlich sein

Immer mehr wird über die biologischen Wirkungen von Strahlungen des Radiofrequenzbereichs bekannt. Es sind lediglich noch nicht alle Beobachtungen auf einen Nenner zu bringen. Doch anstatt inzwischen die von vielen Wissenschaftlern geforderten Vorsichtsmaßnahmen einzuführen, scheint unsere Gesellschaft dazu entschlossen zu sein, die Dinge einfach laufen zu lassen – bis die leichtfertige Annahme widerlegt wird, diese Strahlungsart sei harmlos für Mensch und Tier. Das bedeutet nichts anderes, als daß erst einmal eine überzeugend große Anzahl von Opfern die Beweisführung übernehmen soll. So werden die Interessengruppen und die Uninteressiertheit der Öffentlichkeit gemeinsam einen neuen, schmerzlichen Erfahrungsprozeß erzwingen, wo es doch möglich wäre, Parallelen zu längst gemachten Erfahrungen zu ziehen. Ob ultraviolette Höhenstrahlung, ionisierende Röntgenstrahlen oder radioaktive Strahlungen aus Nuklearprozessen – stets wurden die Auswirkungen erst nach und nach erkannt, und oft allzuspät schließlich auch *anerkannt*.

So konnte es noch im Februar 1974 geschehen, daß Kapitän Tyler die Eröffnungsrede zu der von ihm geleiteten Konferenz über biologische Effekte nichtionisierender Strahlungen an der New Yorker Akademie der Wissenschaften dazu benutzte, die Aktivität einer in Kalifornien gegründeten Vereinigung von Radar-Opfern als „pure Sensationsmacherei" abzutun — was übrigens in krassem Gegensatz zu dem Ergebnis der schon auf Seite 95 besprochenen Fachtagung stand. In dem Interessenverein hatten sich ehemalige Radartechniker zusammengefunden, die sich durch Wartungsarbeit an den elektronischen Einrichtungen bestimmter Fernaufklärungsflugzeuge Grauen Star zugezogen hatten. — Auch 1977 vertrat Tyler noch den Standpunkt, es sei irreführend, „wie selbstverständlich von biologischen Effekten elektromagnetischer Strahlungen zu sprechen".

Eine abwartende Haltung demonstrierte der für Strahlungsnormen zuständige Fachausschuß des amerikanischen Normeninstituts, zu dessen 60 Mitgliedern 35 Fachleute von Elektro- und Mikrowellenherd-Unternehmen, von der NASA und vom Militär zählten: die 10 mW-Sicherheitsgrenze wurde immer aufs neue in ihrer Gültigkeit bestätigt. Immerhin, einige englischsprachige Standards liegen vor, während in ganz Deutschland nur das Büro für Standardisierung der DDR eine einschlägige Norm veröffentlicht hat, und zwar die „TGL 22 314: Mikrowellen — Begriffe, Zulässige Werte der Leistungsdichte, Hinweise und Messungen" vom Januar 1969. Damit die Praktiker davon auch ins Bild gesetzt wurden, brachte der DDR-Gewerkschaftsbund im Rahmen seiner *Lehrbriefe für den Arbeitsschutz* dazu sogleich einen zehnseitigen Kommentar heraus, in welchem auch auf die unterschiedlichen Grenzen der maximal zulässigen Leistungsdichte für Mikrowellenexposition eingegangen wird, die sich aus der grundverschiedenen Problembetrachtung in den USA und den Ostblockstaaten ergeben hat (vgl. Seite 69).

Auch in der offiziellen Einschätzung sowjetischer Forschungen hat sich bis heute in Amerika wenig geändert. Als neue Tierversuche von Frau Zinaida Gordon wieder nichtthermisch bedingte Mikrowelleneffekte ergeben hatten, wurden ihre Schlüsse kurzerhand als Fehlinterpretationen oder Irrtümer abgetan. Zuerst wurde vermutet, die Gitter der Käfige, in denen die Versuchsratten gehalten wurden, hätten wohl als Antennen gewirkt und so die Messungen verfälscht. Doch als Frau Gordon bald danach in einer Veröffentlichung

betonte, sie habe Spezialbehälter aus einem für alle Radiowellenbereiche durchlässigen, glasklaren Kunststoff benutzt,
verhalf ihr auch das im Westen nicht zu mehr „Glaubwürdig-
keit". Wie sollten auch Tatsachen anerkannt werden können,
die so vielen Interessen zuwiderlaufen!

Obwohl zum Beispiel bekannt ist, daß in Polen oder in der
Tschechoslowakei niemals eine schwangere Frau an einem der
Industrieautomaten arbeiten darf, die mittels Mikrowellen Metalle härten, Kunststoffe schweißen, Spanplatten trocknen
oder Polyurethanharz schäumen, gibt es in Amerika keine entsprechenden verbindlichen Einschränkungen — weder in der
Industrie noch hinsichtlich der Diathermiegeräte. Es haben
auch keine Arbeitsplatzuntersuchungen stattgefunden, die mit
den Maßnahmen zu vergleichen wären, die in mehreren Ostblockstaaten ergriffen wurden, um die Strahlungsgefahr von
vornherein so klein als möglich zu halten. In den osteuropäischen Ländern müssen alle Räume innen abgeschirmt werden,
deren Mauerwerk die Mikrowellenstrahlung einer in Raum-
mitte aufgestellten Maschine bei Vollastbetrieb nicht genügend
dämmt. Wo das Ausmaß der Strahlungsexposition nur ungenau
abzuschätzen ist, muß der Arbeiter persönlichen Schutz tragen, für die Augen z. B. Schutzbrillen aus engmaschigem Me-
tallnetzwerk oder Brillen, deren Gläser mit durchsichtigen
dünnen Metallschichten bedampft wurden. Zum Ausgleich der
bei solchen Schutzscheiben verminderten Sehfähigkeit wird
eine darauf abgestimmte verstärkte Arbeitsplatzbeleuchtung
verlangt, die Unfälle vermeiden hilft. Für Tätigkeiten in Zonen mit sehr hoher Strahlungsintensität werden eng sitzende
Schutzanzüge aus metallisiertem Gewebe empfohlen, durch
die allerdings die Körperventilation nahezu verhindert wird.

In den USA hörte man nur von einer Untersuchung, welche
die Akademie der Wissenschaften an zwei Vergleichsgruppen
von je 20 000 ehemaligen Soldaten aus dem Korea-Krieg vor-
nahm. Durch eine Statistik der Todesursachen sollte der Einfluß mehrjähriger Radar-Exposition auf die spätere Gesundheit der Leute geklärt werden. Verfälschende Randbedingun-
gen machten die Bemühungen leider nahezu wertlos, und über
Resultate oder Konsequenzen wurde nichts näheres bekannt.

Eine Politik der Leugnung und Unterdrückung von Daten
und Fakten ist nicht immun dagegen, daß es durch Zufall
oder Ungeschick zur Aufdeckung unangenehmer Tatsachen
kommt. Die Watergate-Affäre hat das der Welt vor Augen geführt. Heute kann man wohl mit Sicherheit behaupten, daß
über die Intensität des „Moskauer Signals" — angeblich maximal $18 \mu W/cm^2$, die durch die am Botschaftsgebäude ange-
brachten Fenstergitter auf weniger als 1 Mikrowatt/cm^2 ge-
drückt werden konnten — wohl niemals die Wahrheit gesagt
worden ist. Daß jedenfalls einige Millionen von Amerikanern
das Vielfache dieser geringen, zugegebenen Strahlungsintensität auszuhalten haben, das besagt pikanterweise der Inhalt
einer Dokumentation, mit der sich ein Vertreter der amerikanischen Mikrowellenofen-Industrie gegen die Vorwürfe der
Verbraucherorganisationen wehrte. Sein Hauptargument
lautete: Wenn man annimmt, daß der Mikrowellenherd oder
-Grill pro Tag eine halbe Stunde in Betrieb ist, während dagegen die in den Ballungsräumen massierten Fernseh-Sende-
türme ununterbrochen Mikrowellen verbreiten, dann ist allein
die Umweltbelastung, die von den Fernsehanlagen ausgeht,
40 000mal so groß wie diejenige, die von den Kochgeräten
verursacht werden kann. Alle auftretenden *biologischen
Schäden* gingen also auf jeden Fall *zu Lasten dieser allgemeinen elektronischen Umweltverseuchung.* Ferner wird
darauf hingewiesen, daß in einigen Millionenstädten sehr viele
Leute, die in den oberen Stockwerken von Hochhäusern
wohnen oder arbeiten, stets einer Strahlungsintensität von
$2 mW/cm^2$ oder mehr ausgesetzt sind. Und es sei bekannt,
daß die Mikrowellen der TV-Frequenzen (UHF) tief in den
Körper eindringen und auch auf das Zentralnervensystem
wirken könnten.
Veröffentlicht wurde diese Studie von 1973 weder durch
die Industrie noch von der Regierung. Daß man aber nun dem
allgemeinen Strahlungspegel Beachtung zu schenken begann,
geht daraus hervor, daß die Umweltschutzbehörde EPA ab
1975 Spezial-Meßwagen einsetzt, mit denen in zahlreichen
Gegenden der USA die Strahlungsintensität regelmäßig über-
prüft wird. Wie die EPA im April 1977 vor der Internationa-

len Gesellschaft für Strahlenschutz berichtete, waren damals keine 10 Prozent der amerikanischen Bevölkerung einer höheren Belastung als 2,5 μW/cm^2 maximal ausgesetzt, d. h. in gewissem Sinn gefährdet. Vereinzelt waren allerdings Werte weit über dem geltenden Sicherheitsstandard von 10 mW/cm^2 festgestellt worden, meistens im Umkreis der Kleinantennen bestimmter Hand-Sprechfunkgeräte oder neben Sendetürmen auf Bergen. In der Poststelle des Hotels auf dem Mount Wilson zum Beispiel herrschte ein Strahlungspegel von 5 mW/cm^2 – zwar nicht viel mehr, als ein normales Mikrowellen-Kochgerät an Leckstrahlung verlieren durfte, aber immerhin das 3 000fache der offiziell genannten Stärke des „Moskauer Signals", von dem so viel die Rede war.

Wenn man diesen Angaben Glauben schenkt, besteht also noch keine direkte Gefahr durch Auswirkungen des elektronischen Smogs. Und damit scheinen sich nun die meisten Leute abzufinden, trotz der Aussicht, daß sich die Situation von Jahr zu Jahr rapide verschlechtern muß. Von ähnlich fataler Sorglosigkeit zeugt auch, daß die *New York Times* kein Wort darüber druckte, als zwei ihrer eigenen Mitarbeiter im Alter von 29 und 35 Jahren an Grauem Star erkrankten, nachdem sie 6 bzw. 12 Monate lang auf ihren Schreibtischen je eines der heute in allen Redaktionen verwendeten Sichtgeräte (Video-Terminals) stehen hatten.

Solches Bemühen, keine Pferde scheu zu machen, erzeugt und fördert ein Klima, in dem die Rüstungselektronik ungestört gedeihen kann. Nur dank dieses Klimas ist es wohl möglich, daß sich die USA und die Sowjetunion gegenseitig ungestraft mit Mikrowellen behelligen, als sei dies gefahrlos. Wenn die Russen die US-Botschaft in Moskau bestrahlt hatten, so benutzten die Amerikaner ihre Radars entlang der Grenzen der UdSSR oder auf hoher See. Dort fahren die US-Kriegsschiffe oft längsseits zu sowjetischen Küstenwachtbooten, drehen ihre Radarsender auf höchste Megawattstärke und decken ihr Gegenüber mit Mikrowellenimpulsen zu, um so die russischen Abhörvorrichtungen zeitweilig außer Funktion zu setzen. Zugleich bewirken die elektromagnetischen Bombardements etwas, worüber sich die Weltpresse oft verwundert zeigt: daß sich bei einer solchen Begegnung nie ein sowjetischer Seemann an Bord seines Schiffes blicken läßt. — Einer nicht unähnlichen Wirkung sind übrigens die Einwohner und Strandgäste in den Orten bei den Küstenradarstationen ausgesetzt; sie sind sich nur der Gefahr weniger bewußt. Noch scheint es, daß die Menschheit mit der gegebenen Strahlenbelastung einigermaßen leben kann. Ob es aber morgen noch möglich sein wird, ist völlig ungewiß. Die Leute glauben daran, weil sie ja über die ganze Frage im Unklaren gehalten werden. Insofern kam den Ereignissen um die Moskauer US-Botschaft Signalwirkung zu. Aber es soll nicht nur einer Handvoll von Mitarbeitern des Auswärtigen Dienstes und ihren Frauen überlassen bleiben, die Nation daran zu erinnern, wie wichtig es ist, der Regierung in allen die Volksgesundheit betreffenden Angelegenheiten *immer wieder* Fragen zu stellen. Denn wenn sich herausstellt, daß als Folge längerer oder wiederholter Bestrahlung durch Mikrowellen mit ganz geringer Intensität schon irreversible biologische Schäden entstehen können, muß sofort gehandelt werden. Vielleicht ist es dann auch schon für alle Maßnahmen zu spät. Denn wir befinden uns nicht wie zu Anfang der Evolution in der Lage, uns in Jahrmillionen den Veränderungen der Strahlungsverhältnisse anpassen zu können. Wir haben vielmehr damit angefangen, uns selbst in einem Ausmaß Mikrowellen- und Radiostrahlungen auszusetzen, das millionenfach größer ist als alles, was es in der natürlichen Biosphäre gibt. Nun leben wir alle unter einem elektronischen Damoklesschwert. Wir haben keine Ahnung, wie sich die stets zunehmende Menge künstlicher Strahlungen noch auf uns auswirken wird, ganz zu schweigen von den Folgen, welche die nächsten Generationen auf sich nehmen müssen. Besser, als die Hände in den Schoß zu legen, wäre es, für all die Amerikaner, die im Einflußbereich von Radaranlagen usw. wohnen, wenn sie sich zur Bewahrung einer gesunden Umwelt mit den Millionen vereinigten, die im elektronischen Smog der Großstädte leben. Nur eine Masseninitiative kann die in diesem Buch beschriebenen Gefahren, die sich noch unvermindert vergrößern, unter wirksame Kontrolle bringen.

Literaturhinweise

(Auswahl aus dem umfangreichen Quellennachweis der Originalausgabe)

Baranska, S., und P. Czerski: ,,Biologische Effekte von Mikrowellen'', Stroudsburg, Pa. 1976 (engl.)

Bierman, William, und Myron M. Schwarzschild: ,,Die medizinischen Anwendungen kurzwelliger Strahlung'', Baltimore 1942 (engl.)

,,Biological Effects of Nonionizing Radiation'', Conference held by the New York Academy of Sciences, 12.–15. Febr. 1974. New York 1975 (Herausg.: Paul E. Tyler)

Dogigli, Hans: ,,Magie der Strahlen'', München 1957 und New York 1959 (engl.)

Gordon, Zinaida V.: ,,Fragen der Arbeitshygiene und der biologischen Wirksamkeit elektromagnetischer Felder'', Leningrad 1966 (russ.)

Griffith, Joel, und Richard Ballantine: ,,Schweigsame Mörder'', Chicago 1972 (engl.)

Klinger, H. H.: ,,Mikrowellen – Grundlagen und Anwendungen der Höchstfrequenztechnik'', Berlin 1966

Leiling, O. H.: ,,Funk – Ein neues Weltreich'', München 1959

Malysew, V. M. und F. A. Kolesnik: ,,Elektromagnetische Wellen hoher Frequenz und ihre Wirkung auf den Menschen'', Leningrad 1968 (russ.)

Marha, Karel, Jan Musil und Hana Tura: ,,Elektromagnetisches Feld und Umwelt'', Prag 1968 (tschech.) und San Francisco 1971 (engl.)

O'Neil, John J.: ,,Ein vielseitiges Genie: Das Leben des Nikola Tesla'', New York 1944 (engl.)

Presmann, A. S.: ,,Elektromagnetische Felder und belebte Natur'', Moskau 1968 (russ.) und New York 1970 (engl.)

Proceedings of Tri-Service Conference on Biological Hazards of Microwave Radiation, 15./16. Juli 1957, The George Washington University (Herausg.: Evan G. Pattishall)

Proceedings of the Second Tri-Service Conference on Biological Effects of Microwave Energy, 8.–10. Juli 1958, University of Virginia (Herausg.: E. G. Pattishall und Frank W. Banghart)

Proceedings of the Third Annual Tri-Service Conference on Biological Effects of Microwave Radiating Equipments, 25.–27. Aug. 1959, University of California (Herausg.: Charles Susskind)

Literaturhinweise

Proceedings of the Fourth Annual Tri-Service Conference on the Biological Effects of Microwave Radiation, 16.–18. Aug. 1960, New York 1961 (Herausg.: Mary Fouse Peyton)

Proceedings of the Symposium on the Biological Effects and Health Implications of Microwave Radiation, 17.–19. Sept. 1969 in Richmond (Herausg.: Stephen F. Cleary), U.S. Dept. of HEW 1970

Proceedings of the 4th Annual Symposium of the Health Physics Society, Louisville, 28.–30. Jan. 1970, U.S. Dept. of HEW 1970

Proceedings of the Technical Coordination Conference on EMP Biological Effects – sponsored by the Lovelace Foundation, Albuquerque 1970 (Herausg.: Frederick G. Hirsch und A. Bruner)

Proceedings of a Symposium on Biomedical Aspects of Nonionizing Radiation, held at the Naval Weapons Laboratory, Dahlgren, 10. Juli 1973 (Herausg.: William C. Milroy)

Proceedings of an International Symposium on Biologic Effects and Health Hazards of Microwave Radiation, 15.–18. Okt. 1973, Warschau 1974 (Herausg.: P. Czerski, M. L. Shore u. a.)

„Radiation Control for Health and Safety", Hearings before the Committee on Commerce, U.S. Senate. U.S. Government Printing Office, Washington 1973

Rhein, Eduard: „Wunder der Wellen", Berlin 1954/Stuttgart 1963

Sigler, Arnold T., Abraham M. Lilienfeld u. a.: „Strahlungsexposition der Eltern von Kindern mit Mongolismus (Down's Syndrom)", Bulletin of the John Hopkins Hospital 1965/Vol. 117 (engl.)

Southworth, George C.: „Vierzig Jahre Radio-Entwicklung", New York 1962 (engl.)

Zaret, Milton, u. a.: „Progress Report: Occurence of Lenticular Imperfections in the Eyes of Microwave Workers and Their Association with Environmental Factors", Rome Air Development Center (RADC) 1961

Zaret, Milton, u. a.: „Final Report: A Study of Lenticular Imperfections on the Eyes of a Sample of Microwave Workers and a Control Population", RADC Technical Documentary Report, Rome 1963

Zaret, M.: „An Experimental Study of the Cataractogenic Effects of Microwave Radiation", RADC Technical Documentary Report, Okt. 1964

Zaret, M.: „Cataracts and Avionic Radiations", British Journal of Ophtalmology Juni 1977/Vol. 161

Suchwörterverzeichnis

Suchwörterverzeichnis

Suchwörterverzeichnis

Bildnachweis

Anthony-Verlag, Starnberg/Photo: R. Weich (21 o.); Photo: Edle (179)
− Bavaria-Verlag, Gauting/Photo: Schmachtenberger (21 u.) − Interna-
tionales Bildarchiv Horst von Irmer, München (25 o., 154, 155) − Jane
Rippeteau (25 u.) − Süddeutscher Verlag, Bilderdienst, München (140,
2 x 151, 154, 155, 160 o.) − Milton Zaret (74).